銀河系を旅行する宇宙航法はこれだ!!

最新！
スターシップ理論

南 善成 著

ナチュラルスピリット

はじめに

本書は左記洋書“*Field Propulsion Physics and Intergalactic Exploration*”の著者分を中心に翻訳し、一部章を加えて、一般向けに解説した内容が主となっています。このため本書では大半の数式は省略しています。

共著者（H. D. Froning）および著者は、共に航空宇宙産業（宇宙用航空機、人工衛星など）で長年研究開発に携わり、国際学会やジャーナル誌に研究成果を公表し、議論を深めてきました。

洋書はアカデミックな内容で、概念の明確化、推進理論および航法理論の明確化、技術的な明確化を意図しており、この種のこれまでの類書を凌駕していると自負しています。

詳細な内容を希望の読者は、原書を参照してください。

https://novapublishers.com/shop/field-propulsion-physics-and-intergalactic-exploration/

（Field Propulsion minami で検索）

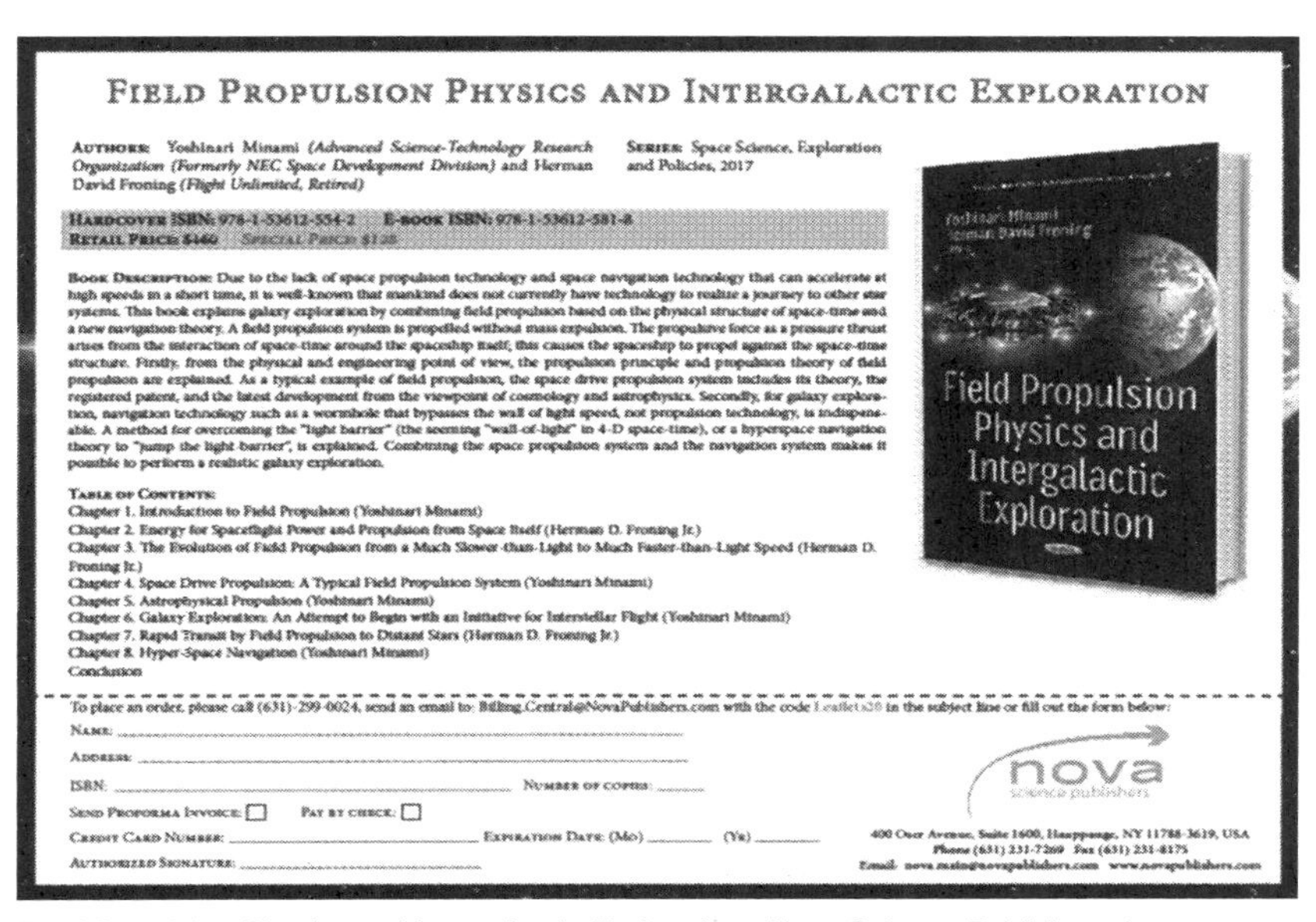

FIELD PROPULSION PHYSICS AND INTERGALACTIC EXPLORATION

AUTHORS: Yoshinari Minami *(Advanced Science-Technology Research Organization (Formerly NEC Space Development Division)* and Herman David Froning *(Flight Unlimited, Retired)*

SERIES: Space Science, Exploration and Policies, 2017

HARDCOVER ISBN: 978-1-53612-554-2 **E-BOOK ISBN:** 978-1-53612-581-8
RETAIL PRICE: $160 SPECIAL PRICE: $128

BOOK DESCRIPTION: Due to the lack of space propulsion technology and space navigation technology that can accelerate at high speeds in a short time, it is well-known that mankind does not currently have technology to realize a journey to other star systems. This book explains galaxy exploration by combining field propulsion based on the physical structure of space-time and a new navigation theory. A field propulsion system is propelled without mass expulsion. The propulsive force as a pressure thrust arises from the interaction of space-time around the spaceship itself; this causes the spaceship to propel against the space-time structure. Firstly, from the physical and engineering point of view, the propulsion principle and propulsion theory of field propulsion are explained. As a typical example of field propulsion, the space drive propulsion system includes its theory, the registered patent, and the latest development from the viewpoint of cosmology and astrophysics. Secondly, for galaxy exploration, navigation technology such as a wormhole that bypasses the wall of light speed, not propulsion technology, is indispensable. A method for overcoming the "light barrier" (the seeming "wall-of-light" in 4-D space-time), or a hyperspace navigation theory to "jump the light-barrier", is explained. Combining the space propulsion system and the navigation system makes it possible to perform a realistic galaxy exploration.

TABLE OF CONTENTS:

Field Propulsion Physics and Intergalactic Exploration　Nova Science Publishers, Inc.

目次

3 空間駆動推進システム 45

4 天体物理現象を利用した宇宙推進 93

5 銀河系間航法を探る

1 宇宙推進ロケットの基本

宇宙に進出する手段は？

現在、宇宙に進出する手段は、皆さんもご存知なように、**図1**の上の図のようにH2A、H2B、ソユーズ、アリアンのような液体燃料を用いた**液体ロケット**、イプシロンのような固体燃料を用いた**固体ロケット**が実用的で主流です。その他、ロケットの種類として、はやぶさに用いられた電気推進の**イオンロケット**が実用化されています。イオンロケット以外にプラズマロケット、ホールスラスタなどの電気推進や原子力推進があります。

図1の下の図は研究段階の**レーザー推進ロケット**です。ロケットに向け地上から強力なレーザー光を照射します。1997年11月に世界最初のレーザーロケットが米国の手により打ち上げられ、15・3mの垂直飛行に成功しました。右下の図は地上試験設備の状況を示しています。レーザーロケットは、直径14㎝、60gの地球ゴマの形状で、地上からCO2レーザーにより2・3Gの加速性能で打ち上げられました。

また、世界初実用化に成功したイカロスのような**ソーラーセイル**があります。（**図2**）

さて今から110年ほど前、イタリアの天文学者**ジョンバニ・スキアパレリ**が火星に運河を観測したと報告して以来、いろんな人たちが**図3**のような火星の模様を望遠鏡で観測しました。

特にアメリカの**パーシバル・ローウェル**が私財を投じて、空気が澄んだアリゾナに私設の火星研究用

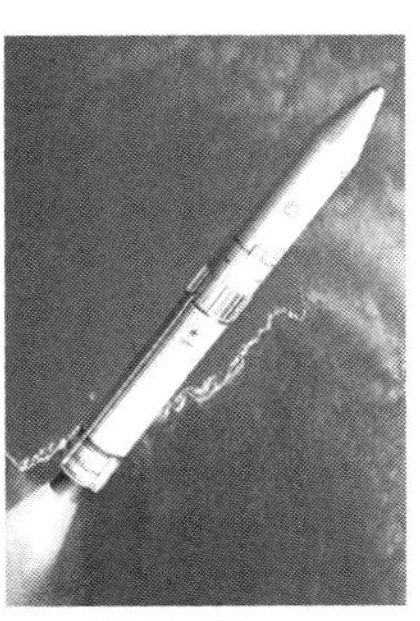

図1　ロケットの例

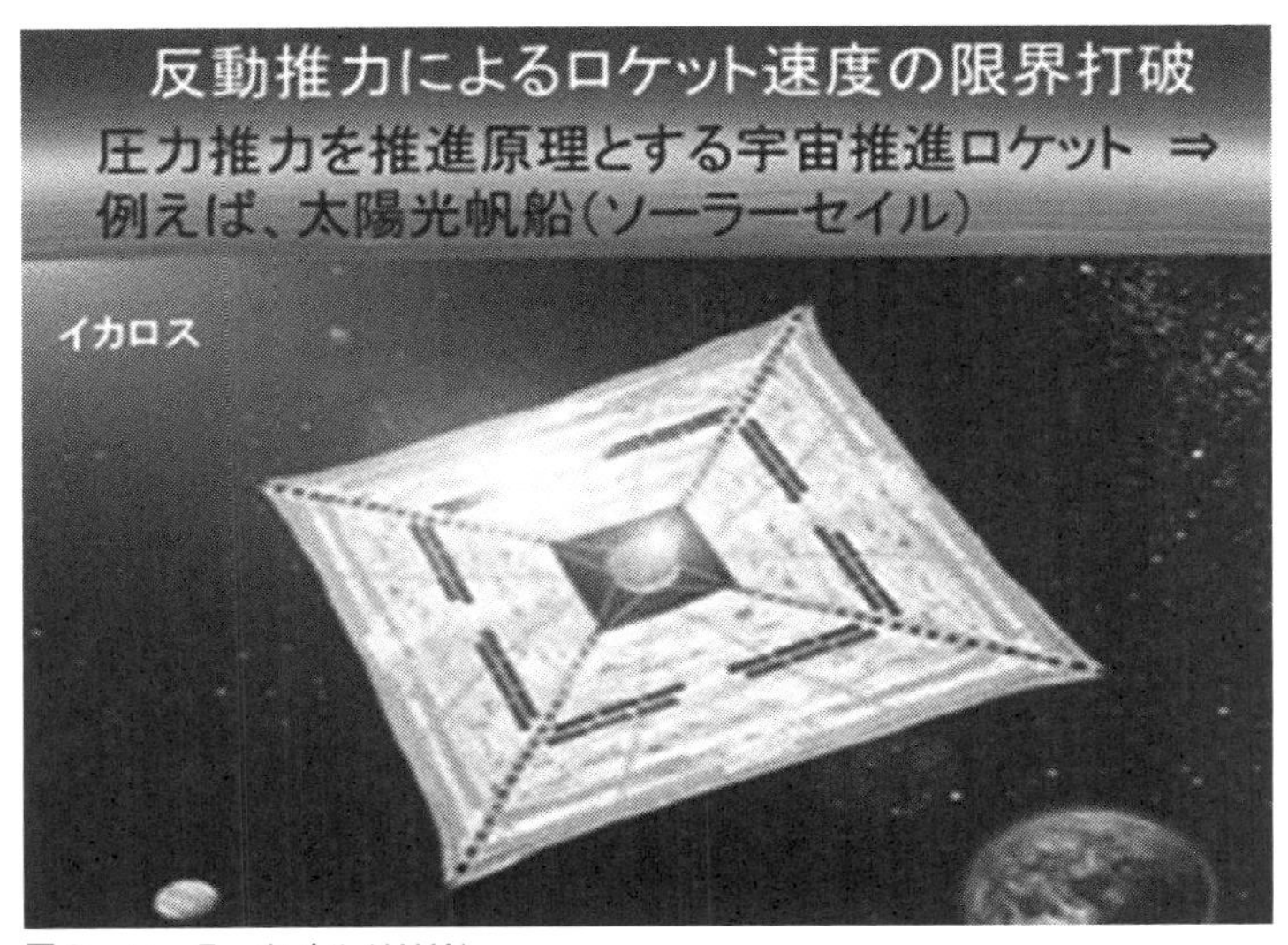

図2　ソーラーセイル (JAXA)

の天文台を創設しました。ローウェルは火星表面を縦横に走る幾何学的な線上の模様の運河（？）に魅了され、その生涯を火星研究に捧げました。著者が小学生の頃、このパーシバル・ローウェルの魅惑的な生き方に感動し、私も満点の星空に浮かぶ赤い惑星を見ながら、ロマンチックな空想に耽りながら火星に行ってみたい、もっとそばでよく火星を見たいと夢を描いていました（**図4**）。

有人宇宙探査のはじまり

人類による有人宇宙探査が行なわれたのは、１９６９年7月21日の**アポロ11号**による月への着陸が最初です。太陽系内60個の衛星（２０１８年現在１５０個以上）のうち最も地球に近い天体にようやく人類は、有人宇宙探査という輝かしい歴史の第一歩を刻んだのです。月への到達時間は選択軌道にもよりますが、**アポロ12号**の場合で往路80時間、帰路72時間であり、概略片道３日程度です。

この程度の航行時間であれば問題はありませんが、地球から遠く離れた惑星となると、現在のロケット技術ではその速度が遅いことからすでに夢のような話しとなります。月・地球間の距離38万４４００㎞は、宇宙的規模から見ればあまりにも近すぎる距離なのです。月へ行く方法で惑星空間や恒星空間に飛び出すことは技術的な限界から不可能に近いと言えます。

現在、人類は短時間で高速度に加速できる宇宙推進技術を保有していないのが実状で、人類は大海の宇宙空間を前にして、砂浜の岸辺近くをボートで進む技術しか手にしていないのです。このことは宇宙船の速度が驚異的に速まれば、すなわち惑星までの飛行時間が数時間～数週間程度になれば、

火星運河のスケッチ

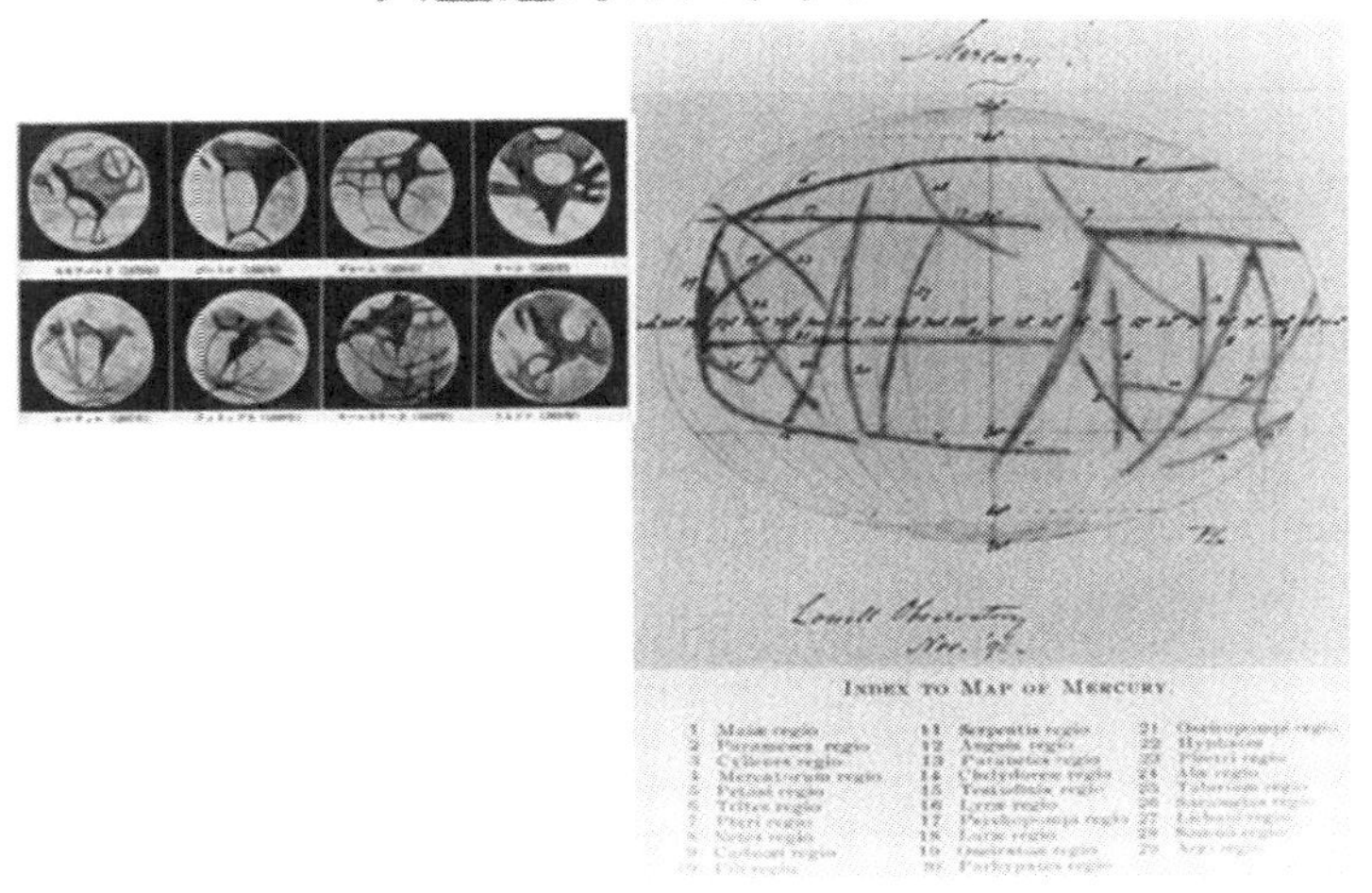

図３　火星の運河

赤い惑星・・火星への想い

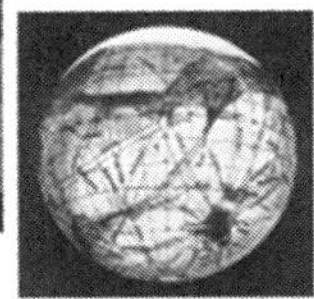

パーシバル・ローウェル

図４　パーシバル・ローウェルの火星観測

かなり克服できるものと考えられます。

火星に行くには？

米国では**有人火星探査**を目指して計画が進められています。他の惑星へ航行する場合、その軌道は無数に考えられますが、宇宙船の打ち上げ時期に制限があり、いつでも好きな時に出発するというわけにはいきません。選択する軌道にもよりますが、例えば火星探査の場合、火星までの片道の到達時間はおよそ6カ月～12カ月程度かかるのが現状です。無人惑星探査機のような片道旅行では、この程度の時間はそう問題にはなりませんが、有人探査となると大きな障壁となります。不可能ではないにしても宇宙船に搭乗している人間にとっては危険があり、効率の良い手段ではありません。2年分の水・食料・酸素、宇宙空間航行中に浴びる宇宙放射線、

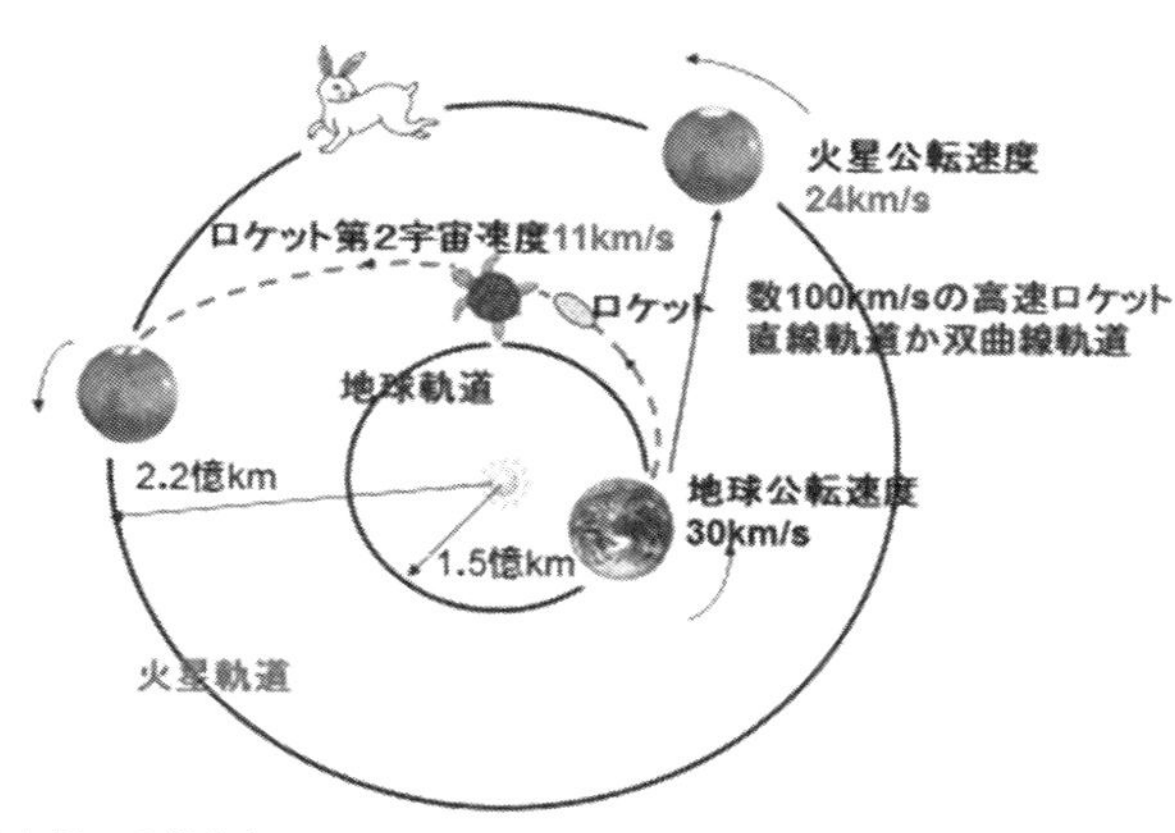

図5　現在の火星への行き方

長期間の無重力（０Ｇ）の人体への影響、事故発生時の緊急帰還及び地球からの救援など、極めて困難な問題が多いのが実情です。

有人火星探査に長期の時間がかかるといった問題の根源は、ひとえに宇宙船の航行速度が遅すぎるということに尽きます。

さて、火星に行くにはどうすればいいのでしょうか。**図5**のように、地球は太陽の周りを秒速30㎞の速さで回っています。また、火星は太陽の周りを秒速24㎞の速さで回っています。現在、地球脱出のためロケットが得る第2宇宙速度（秒速11.2㎞）は、火星に較べてかなり遅い速度です。目標の火星がロケットに較べて動きが速いから、今のロケットでは車に乗っていつでもどこでも好きな目的地に行くということはできません。亀がうさぎを追いかけるようなものです。

地球からロケットが出発して、半年から1年かけて飛行した時、ちょうど火星が目の前にいてくれるような飛行経路つまり軌道を選び、そのような時期に打ち上げないと火星には行けません。仮にロケットの速度が秒速数１００㎞なら、車に乗って出かけるように直線軌道で短期間に火星に行けるのですが、現在のロケットの速さではいつでも好きな時に惑星に行くわけにはいきません。驚異的な速さのロケットが惑星探査には要求されるわけです。

ロケットの推進原理は2つある

ここからは、ロケットが移動する原理を簡単に話したいと思います。2つの推進原理があります。

まず、**反動推力**、別名**運動量推力**とも呼ばれています。これはガスや物質を後方に噴射し、その反動で前進するものです。化学推進、電気推進、原子力推進、レーザー推進のロケット、プロペラ機、ジェット機、スクリューによる艦船が移動するのはすべてこの原理です。

例えば、ボートに乗っている人がボートから石を後ろに投げることでボートはその反動で前へ進みます。つまり、物を後方に噴射し、その反動で前進する方式です（**図6**）。反動推力を推進原理とするロケットには最高速度に上限があります。いかに重いものをいかに速く後ろに放出するかで、ロケットの推力と速度が決まり

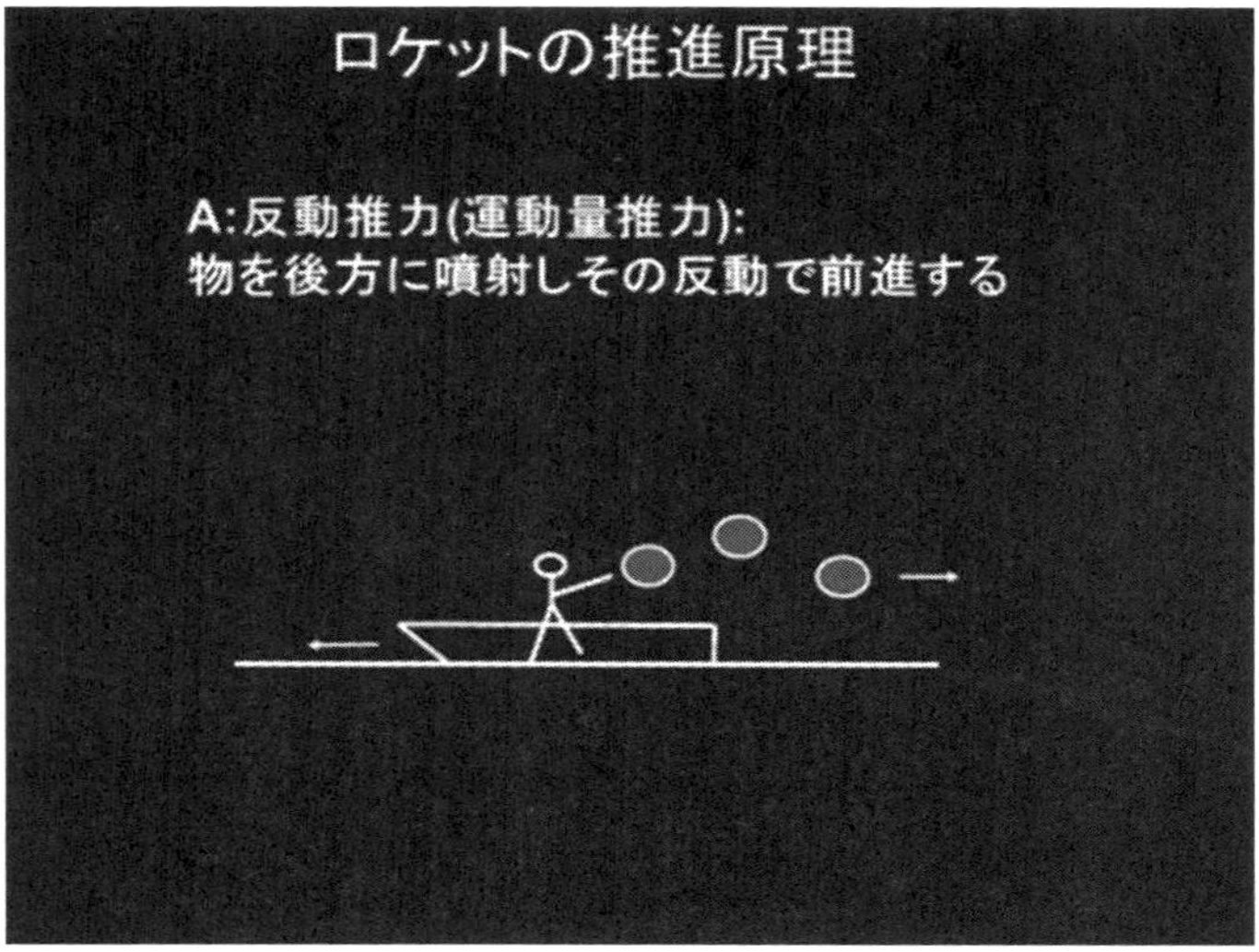

図6　反動推力

ます。あまりに重たい物は速く投げられないし、軽すぎるものは速く投げても推力は小さくなります。

次に、**圧力推力**です。これは、後ろから押してもらって前進するものです。ソーラーセイルはそうですし、ロケットやジェット機にも一部に圧力推力が寄与しています。

例えば、昔の船頭さんがボートから竹竿で川底を押して前へ進む方法です。人が地面を足で蹴って前進する、また、水泳選手がターンする時にプールの壁を足で押して進む、自動車のタイヤが地球の地面を押して進む、ローラースケートの人が誰かに背中を蹴飛ばしてもらう――などがあります。ここでもし蹴飛ばす人がローラースケートに乗っていては進みません。押される人と、押す人は独立していなければいけません。

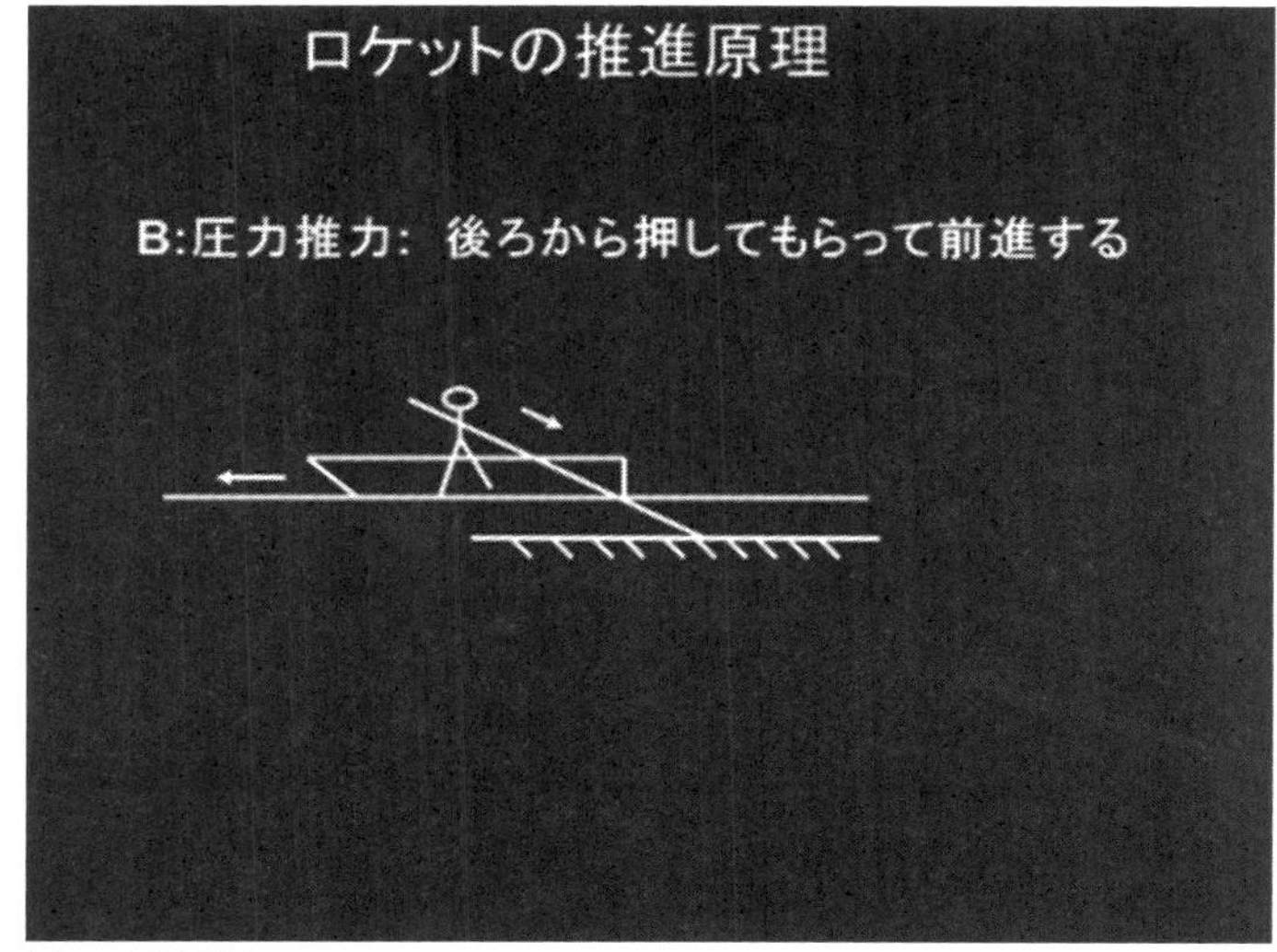

図7　圧力推力

ロケット性能の限界

前述のとおり、**ソーラーセイル**（太陽光帆船）や**ライトセイル**（レーザー光帆船）を除いて、現在のロケット推進の原理は運動量保存則に基づいています。

運動量保存則に基づく運動量推力（反動推力）によるロケットが得られる最大速度（V）は、後方に噴射する噴射ガスの速度（W）とロケットの質量比（R）の自然対数（lnR）の積により決定されます。ロケットの質量比（R）の現実的な値は、多段ロケットにして7が限度です（ln7＝1.95）ので、噴射ガスの速度（W）の約2倍が限度になります。

① $V = w \cdot ln\,R = gI_{sp} \cdot ln\,R$

噴射ガスの速度（W）は使用している推進剤の比推力Ispに重力加速度gとの積で決まります。例えば、液体酸素、液体水素を推進剤（燃料）に用いた液体ロケットの場合、比推力Ispは４６０秒なので、噴射ガスの速度（W）は1段ロケットで約秒速4.5㎞となります。はやぶさのようなマイクロ波放電イオンスラスタの比推力は４０００秒程度なので、噴射ガスの速度（W）は約秒速40㎞とかなり速くなります。しかし、推力が液体ロケットに較べて非常に小さすぎますので、この最大速度に到達するためには、かなりの年数の間、加速し続けねばなりません。

短時間で高速度に加速できる推進原理がどうしても必要になります。

参考に、①の式は少し展開すると、②のような式になります。ロケットの速度増加ΔVは、ロケットの燃料満タン時の初期質量M_iが燃料をT秒間燃焼噴射している間に、ロケットが軽くなり、ロケットが燃料を使い切ったロケット最終質量M_fを用いて示したものです。燃料の質量M_Pは$M_P = M_i - M_f$です。

②

$$V_f - V_i = \Delta V = \int_o^T \alpha dt = \int_o^T \frac{F}{m} dt = \int_o^T \frac{I_{sp}(-\dot{m}g)}{m} dt = I_{sp}\, g\, ln \frac{m_i}{m_f}$$

推進剤（燃料）の質量M_Pをロケット後方に噴射排出することにより、ロケットはΔV（デルタブイと呼ぶ）の速度をもらい、速くなるという仕組みです。運動量推力を推進原理とするロケットは、噴射排出する推進剤が不可欠です。

大きなペイロード（搭載物）を乗せて地球から飛び出すには大きな推力と速度が必要で、大量の推進剤が必要となります。このため、ますますロケットが推進剤を積載するため大きくなります。

自動車や航空機の居住スペースの大きさとその燃料タンクの大きさを比較すると、いかに現在のロケットの大半が燃料に占められているかがわかります。大きな爆発物の燃料の先に小さな人間が乗せられている程度ですので、決して効率の良い乗り物とはいえません。現在の化学ロケットでは、人類が行ける惑星は苦労してもせいぜい火星までが限界のようです。

そのため、化学ロケットとは別の**電気推進システム**（イオン推進、プラズマ推進、アークジェット推進）、**レーザー推進システム**、原子力推進システム（熱核分裂推進、核融合推進、反物質推進）などの研究が盛んに行なわれていますが、推進原理が化学ロケットと同じなので、速度の最大値が制限され、かつ充分な推進力（加速度）が得られません。こうした宇宙推進技術の壁を打破するために、高速度・高加速度が得られるフィールド推進システムのような新しい推進原理の研究が米国、欧州、我が国で行なわれています。

「フィールド推進」とは、宇宙船が、宇宙船を含む周辺の空間の場との相互作用により、周辺の空間から押される、または空間に引っ張られて推進する、場を利用した推進方式で、真空である空間の構造に対して推進します。

つまり、フィールド推進システムの推進原理は、宇宙船周辺の空間との相互作用による場の近接力**（圧力推力）**を利用するもので、例えばローラースケートに乗った人が背中を他の人から押して貰って進む方法であり、**人類が太陽系及び太陽系以遠の探査を実現できる推進システム**として位置付けられます。

圧力推力の一種に光圧により進むソーラーセイルやライトセイルがありますが、フィールド推進でいう圧力推力とは異なります。**フィールド推進システム**の推進原理は、最新現代物理学（相対論、場の量子論、宇宙論など）を駆使して時空間の構造との相互作用を利用し、宇宙船を時空間の構造に対して推進させる推進システムの概念です。各種のフィールド推進システムが提唱されていますが、高加速度（数G～数10G）、慣性力の作用が無い、最大理論速度は準光速度などの共通性能が得られています。

何か短時間で加速できる大きな推進力と速い速度に到達できる宇宙推進ロケットが欲しいですね。

図2（9ページ）で示しました太陽光帆船つまりソーラーセイルは、軽量で大面積の帆（セイル）を宇宙空間で広げて太陽光を風のように受けて推進します。ソーラーセイルのような圧力推力を推進原理とする宇宙推進ロケットであれば、光の圧力により押し続けられ加速するので、速度の頭打ちはありません。

しかし、光の圧力は非常に微小なので、推力が小さく、加速度は数マイクロGと極めて小さい値です。仮に1マイクロGの加速度ですと約3年かけて秒速1㎞に到達する計算になります。秒速100㎞に達するには約300年間押され続けられねばなりませんが、とにかく時間さえかければ光に近い速度に到達できます。しかし、何とか数G程度の大きな加速度が欲しいものです。

ご存知の方もおられるかも知れませんが、現有推進システムでは星系への輸送が基本的に不可能との認識から、NASAは**"Breakthrough Propulsion Physics"**（革新的推進物理学）なる調査プロジェクトを1996年12月に設立しました。当時、NASAの最大の研究対象は、重力と電磁場の結合、真空の**零点（ゼロポイント）エネルギー**の揺らぎ、ワープドライブ、ワームホール、量子重力効果などに関する理論と基礎実験でした。

恒星系への距離はあまりに膨大すぎるため、現状の推進技術では地球に最も近い恒星ですら到着前に数万年かかる旅行となります。恒星間宇宙旅行のこうした限界を打破するために、新しい推進理論、推進工学及び恒星間航法理論の研究開発がこのプロジェクトにより進められており、著者やフローニング氏もメンバーとしてプロジェクト・リーダーのマーク・ミルス氏とも意見交換をしてきました。

現代物理学は真空の**零点エネルギー**を認めており、この**零点エネルギー**は慣性力と重力とに理論的な関連があり、そして真空である空間は絶えず粒子と反粒子の生成消滅を繰り返している物理的に実体のある場です。こうした実体のある真空に対して、局所的に非対称に真空を励起したある種の加速度場を生成する機構を探索する必要があります。

人類の本当の宇宙への進出は、最新現代物理学に立脚した新しい推進理論、航法理論の実現化により遂行されるのかも知れません。

2 フィールド推進システム

フィールド推進とは

ここでは、**フィールド推進**という新しい推進方式について紹介します。

フィールド推進"Field Propulsion"の用語は、場の推進という観点から南（著者）が反動推力を除く各種の宇宙推進システムを分類し、著作論文などにより**日本で始めて紹介**し、また海外で国際学会発表やジャーナル誌【Y. Minami, "An Introduction to Concepts of Field Propulsion," JBIS,56,pp.350-359（2003)】などで苦労しながら概念を広め、認知の努力をしてきた用語です。多種類の推進方式を分類し、クライテリア（規範）を決めて分類したものです。

「フィールド推進」という用語を、その概念に精通しないで単純に何らかのタイトルなどに使用される場合、読者が間違った、あるいは狭義の捉え方をされると、正しくない概念が一人歩きしますので、以下に**「フィールド推進」**に関する定義を記述します。

〈フィールド推進の定義〉

・「フィールド推進」は、宇宙船を含む周辺の空間の場との相互作用により、周辺の空間から押される、または空間に引っ張られて推進する、場を利用した推進方式である。真空である空間の構造に対して推進する。

・微細構造を有する空間自身の力学的な性質（マクロ的観点からの連続体力学、ミクロ的観点からの量子統計力学）を利用するもので、空間自身の構造に関係しない独立した物質、プラズマ、イオン、光子などによる反動推力や、これらとの相互作用による圧力推力による推進には適用されない。

〈捕捉〉

・推進原理には、作動物質を後方に噴射して推進する運動量保存則による運動量推力と圧力推力があるが、圧力推力に属する。
・運動量推力は別名反動推力とも呼ばれ、ガスや物質を後方に噴射しその反動で前進するもので、化学推進、電気推進、原子力推進、レーザー推進のロケット、プロペラ機、ジェット機、スクリューによる艦船などが移動するのは、すべてこの原理である。
・圧力推力は、後ろから押してもらって前進するもので、太陽からの光子の圧力を受けて推進するソーラーセイルや、レーザー光を帆に受けて推進するライトセイルは圧力推力の範疇であり、またロケットやジェット機にも一部に圧力推力が寄与している。
・しかし、「フィールド推進」でいう圧力推力は、ソーラーセイルやライトセイルのような空間の構造とは独立して存在する光子の圧力で推進するものとは異なり、真空である空間の微細構造そのものからの圧力を受けて推進するものである。
・フィールド推進でいう圧力推力とは、真空である空間から受ける圧力差推力、または圧力推力を示している。フィールド推進の推進原理は、周辺の空間との相互作用による場の近接作用を利用するもので、宇宙船を時空間の構造に対して推進させる推進システムの概念である。最新現代物理学（一般相対論、場の量子論、宇宙論など）を駆使して、時空間の構造による推進力（推力）の生成を目指している。

・宇宙船推進機関により宇宙船後部にのみ、あるいは宇宙船前後部に生成される場の圧力勾配、またはポテンシャル勾配の生成要素が、空間の曲率成分であれ、時空間のメトリック成分であれ、ゼロ点エネルギーの輻射圧であれ、エントロピーであれ、フィールド推進システムはここで述べた推進原理に集約される。また、時空間の性質である光速値を超える推進理論はなく、フィールド推進でもその最大速度は光速に近い準光速である。

・フィールド推進システムは、通常の運動量推力によるロケット・システムとは異なり、作動物質を噴射しないので、運動量保存則を破っているように考えられるが、運動量保存則に対する有力な一つの解釈は、真空である空間自体が作動物質（reaction mass）の一種であると考えることである。

これらフィールド推進システムは、ＮＡＳＡの評価基準として下記条件を満たさなければならない。**（ａ）運動量保存則（等価運動量）に適合すること、（ｂ）エネルギー保存則に適合すること、（ｃ）単一方向に加速できること、（ｄ）推進方向及び推力制御が可能であること、（ｅ）推力が持続できること、（ｆ）充分な値の推力または推進加速度が得られること、**などである。

フィールド推進の推進概念

物が移動する推進方法には、**①運動量推力**、**②圧力推力**による2種類の方法があります。

1章および前節でも簡単に紹介しましたが、現有のあらゆる宇宙推進システム、すなわち化学ロケット推進、電気推進（イオンスラスタ、MPDスラスタ、ホールスラスタ、アークジェットスラスタなど）、レーザー推進、原子力推進は、すべて質量体の後方への噴射による運動量推力（反動推力）を推進原理としています。

この運動量推力は、運動量保存則に従うものです。つまり、①の運動量推力（反動推力）は後方に物質を噴射（増速噴射）する反動により推進します。例えば、プロペラ機、ジェット機、船舶は前方から大量の空気や水を吸い込み、これを増速させて（大きな運動量で）後方に噴射させ、その反動を受けて前方に移動します。

これとは別に、②の圧力推力は後方から押されて推進するもので、例えば、ソーラーセイル、ライトセイル、ヨットなどの帆船は太陽光やレーザー光の圧力、海原の風圧を帆に受けて前方に移動します。車はタイヤの回転で地面を押して進みます（反作用で地面から押されて進む）。また、ジェット機やロケットの10%程度の推力には、前方の大気圧と後方エンジンノズル部の高圧との圧力差による推力が寄与しています。あるいは、**図8**のように、ローラースケートに乗った人が後ろから他人に背中を押してもらって推進する方法です。

フィールド推進は、ある種の圧力推力を推進原理とするものです。フィールド推進でいう圧力推力とは、真空である空間から受ける圧力差推力、または圧力推力を示しています。フィールド推進の推進原理は、周辺の空間との相互作用による場の近接作用を利用するもので、宇宙船を時空間の構造に対して推進させる推進システムの概念です。最新現代物理学（相対論、場の量子論、宇宙論など）を駆使して時空間の構造による推進力（推力）の生成を目指しています。

フィールド推進システムの推進原理は基本的に**図9**に示すように、宇宙船前部と宇宙船後部でのポテンシャル勾配あるいは時空間的な場の圧力勾配による圧力推力であり、運動量推力ではありません。

宇宙船の後部付近の真空である場の圧力は高く、場から押されます（ｐｕｓｈされる）。一方、宇宙船の前部付近の真空である場の圧力は低く、宇宙船は引っ張られます（ｐｕｌｌされる）。なお、必ずしも宇宙船前部付近の場の圧力が低くなる必要はなく、定常の真空の場でも良いのです。つまり後部のみの場の圧力が高くなるだけで良く、通常はこの配位構造で推進できます。あるいは逆に、宇宙船前部付近の場の圧力が低くなるのみで、後部は定常の真空の場でも良いのです。推進原理は共に同じです。

いずれの場合でも、宇宙船全体に場の圧力勾配（ポテンシャル勾配）が生成され、宇宙船はこの場の圧力勾配により場から押されて、つまりｐｕｓｈされて推進することになります。

よく誤解されますが、フィールド推進は、地球規模の質量体やブラックホールを宇宙船の前方に

図８ 尻をけとばして前進

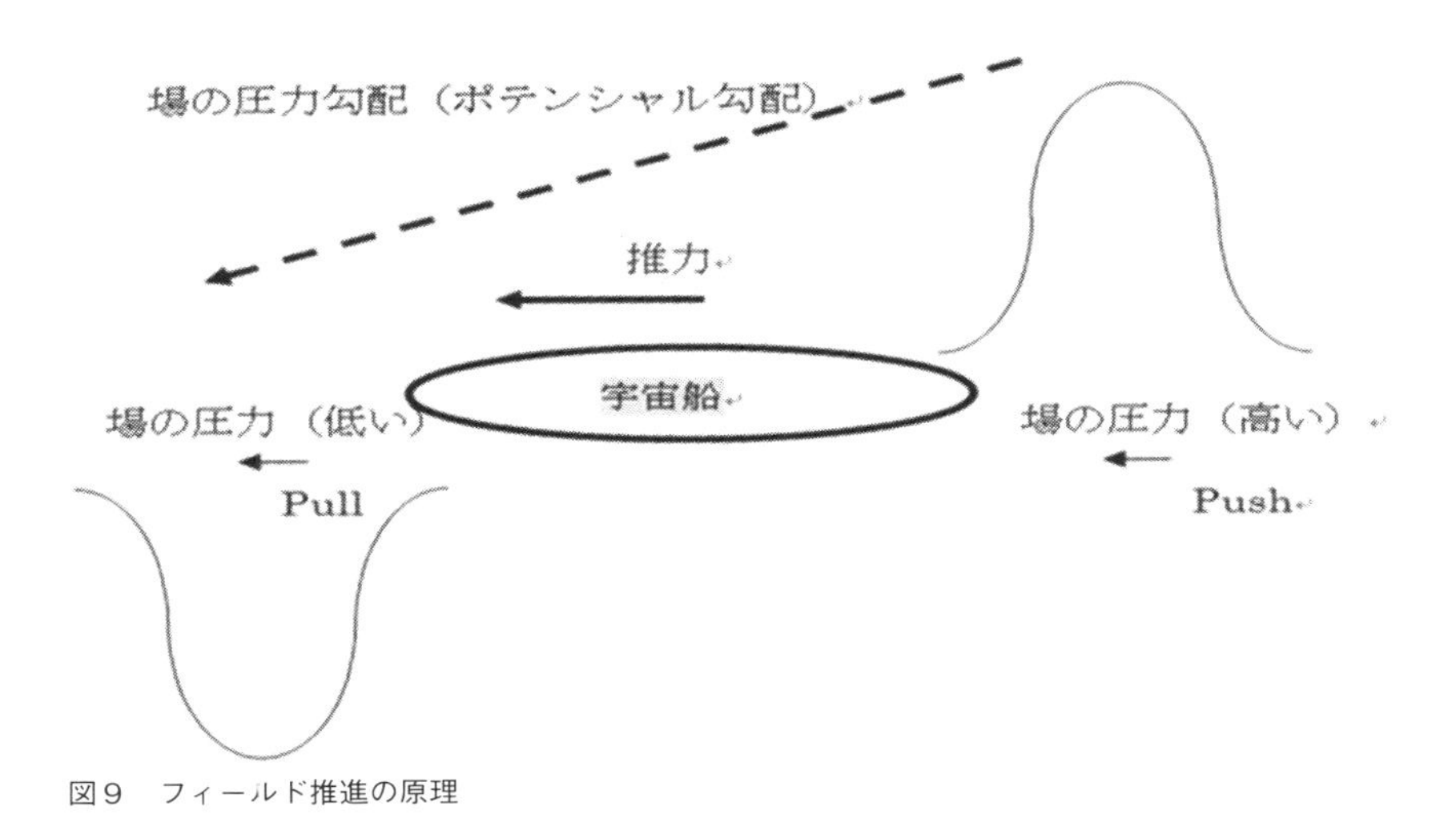

図９　フィールド推進の原理

推進原理

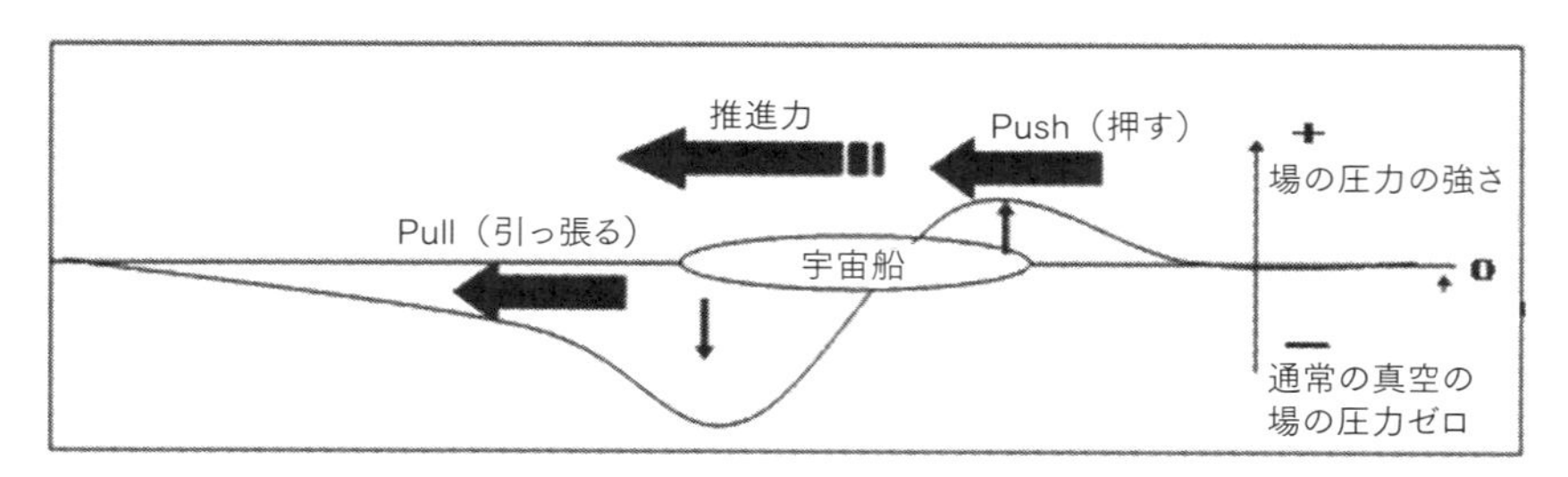

場の圧力との非対称な相互作用が宇宙船に対する推進力を生成する。
宇宙船は場に対して推進する。

宇宙船前方の場の圧力の強さが小さく、
宇宙船後方の場の圧力の強さが大きい空間の圧力勾配が好ましい。

通常の真空の場の圧力の強さをゼロとします。宇宙船の後方の真空の場の圧力の強さを増加させ、前方の真空の場の圧力の強さを減少させれば、宇宙船は後ろから押され、前から引っ張られて前進します。これは同時にする必要はなく、宇宙船の前方は通常の真空状態で後方の真空の場の圧力の強さだけを増加させて後ろから押して前進するだけでもよいし、宇宙船の後方は通常の真空状態で前方の真空の場の圧力の強さだけを減少させて前から引っ張って前進するだけでもよいです。いずれにせよ宇宙船の前後に非対称なアンバランスの真空の場の圧力を生成し、広大な真空である空間に対して推進させることが重要です。

図10　フィールド推進の推進原理

作って進むという、いわゆる重力場推進ではありません。例えば、1トンの質量体が宇宙船の前方にあったとしても、引力としての推力は無視できるほど小さく、その割に$E = mc^2$に相当するエネルギーをどうするのかという問題があり、この重力場推進は推進システムとしては成立しません。

また、宇宙船が推進するためには場の圧力勾配との相互作用の平衡状態がなく、宇宙船と周辺の場とが独立していないと推進できません。宇宙船の推進機関が宇宙船周辺の空間に圧力勾配を有する場の生成時には、宇宙船と場との相互作用が平衡状態になり、宇宙船は推進したくても推進できないのです。

宇宙船推進機関が場の生成作用を切ることにより、場との相互作用がなくなり、圧力勾配を有する場が通常の自然な状態の場に戻る遷移期間に、宇宙船と場とは独立になり推進できることになります。本質的に場の生成消滅を繰り返すことにより推進する、**パルス推進システム**となります。運動力学的に自らが生成した場を背負っての推進はできないからです。

フィールド推進システムの推進原理は**図9**、または**図10**の場の配位構造が基本であり、この変形により何種類かの推進方式が提唱されることになります。**図10**は**図9**を少し詳細化したものです。

フィールド推進システムの方式としては、主に以下の4種がJournal誌の論文として公開されています。

①空間駆動推進システム（Space Drive Propulsion System）
②ZPF（Zero Point Field）Propulsion System（ゼロポイントフィールド推進システム）
③Alcubierr's Warp Drive Propulsion System（アルクビエールのワープドライブシステム）
④Superstring-Based Field Propulsion System（スーパーストリングフィールド推進システム）

いずれの推進方式を採択しようとも、宇宙船推進機関により宇宙船後部にのみ、あるいは宇宙船前後部に生成される場の圧力勾配、またはポテンシャル勾配の生成要素が、曲率成分であれ、時空間のメトリック成分であれ、ゼロ点（ポイント）エネルギーの輻射圧であれ、エントロピーであれ、フィールド推進システムはここで述べた推進原理に集約されます。

フィールド推進システムは、通常の運動量推力によるロケット・システムとは異なり作動物質を噴射しないので、運動量保存則を破っているように考えられますが、運動量保存則に対する有力な一つの解釈は、真空である空間自体が作動物質（reaction mass）の一種であると考えることです。

これらフィールド推進システムは、24ページにも記したようにＮＡＳＡの評価基準として、（a）運動量保存則（等価運動量）に適合すること、（b）エネルギー保存則に適合すること、（c）単一方向に加速できること、（d）推進方向及び推力制御が可能であること、（e）推進力が持続できること、（f）充分な値の推力または推進加速度が得られること――などの条件を満たさなければなりません。

空間の基本概念とフィールド推進

真空である空間について

ここでは、真空である空間について考えましょう。

今、地上の空間と宇宙空間を較べますと、地上には空気があり宇宙空間は真空です。空気を除けば、真空である空間に変わりはありません。真空は何もないからっぽの状態のように見えますが、現代物理学では、真空である空間は、素粒子の粒子と反粒子が絶え間なく発生したり消滅したりしている活動的な場所であり、時空間全域にわたる領域できわめて活発に激しく揺らいでいるゼロ点振動子で満たされた媒体とされています（**図11**の上の図）。

また、**図11**の下の図は2枚の金属板があり、この金属板が周辺の真空から押されて近づく**カシミール効果**、あるいは**カシミール力**と呼ばれる様子を示しています。金属板の間の**ゼロ点(ポイント）振動子**の数が周辺の**ゼロ点（ポイント）振動子**の数よりも少ないので、周辺から押されて近づく現象です。このカシミール力は理論的にも実験的にも正式に検証されているものです。これはミクロの量子論的な観点で考えられる空間の性質です。

プリンストン大学のジョン・ホイーラーは、不活性でからっぽの空間と思われるものが、実際には時間と距離の微視的なスケールに対して活発かつ活性的に躍動しているという驚くべき

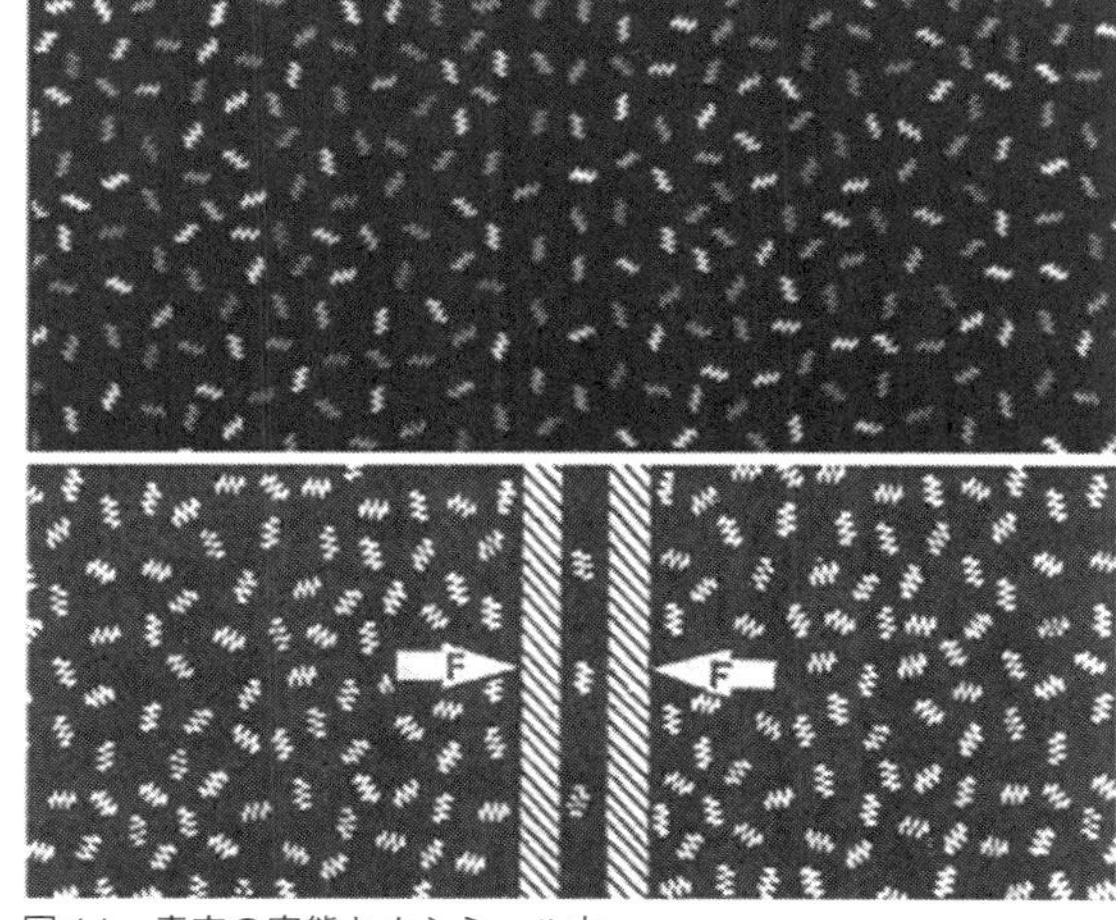

図11　真空の実態とカシミール力

可能性を示しています。そして、これらの量子揺らぎは、すべての宇宙空間全体において非常に短い時間および距離にわたってエネルギー変動を生じさせています。

図12は宇宙創成時インフレーション開始直後のビッグバンから高温の宇宙が加速膨張し、現在の冷たい宇宙になった状態を示す図です。

高温時の初期宇宙は、例えば、**図12**下左の図のような紐が鎖状に絡まった粘性のような媒体でしたが、宇宙が加速膨張し低温になり、紐が毛玉のような固体の媒体になったとも考えられます。ちょうど水分子が固まって氷になる相転移現象のように――。こんなことから、真空は何か実体のある特殊な性質をもつ媒体と推測されます。

真空としての空間は、一般に、物理的事象が起こる透明な時空連続体とみなされます。そして、場の量子論や量子電磁力学（ＱＥＤ）は、真空が時間と空間のスケールに対して活発かつ活性的に躍動している場と考えます。

最近の量子光学によれば、これまで真空の擾乱の制御は全く不可能であると考えられていましたが、現在では、**スクイーズド光技術**によって真空擾乱を制御できることが理論的かつ実験的に実証されています。現時点では、通常の真空状態よりも局所的にエネルギー密度を高くすることが可能であり、逆にエネルギー密度を通常の真空状態より局所的に低くすることが可能です。

すなわち、**スクイーズド光**は、**スクイーズド真空状態**を生成し、真空のエネルギー密度の大きさ

真空である空間とは何だろう(2)

インフレーション理論をもとに描いた宇宙の歴史

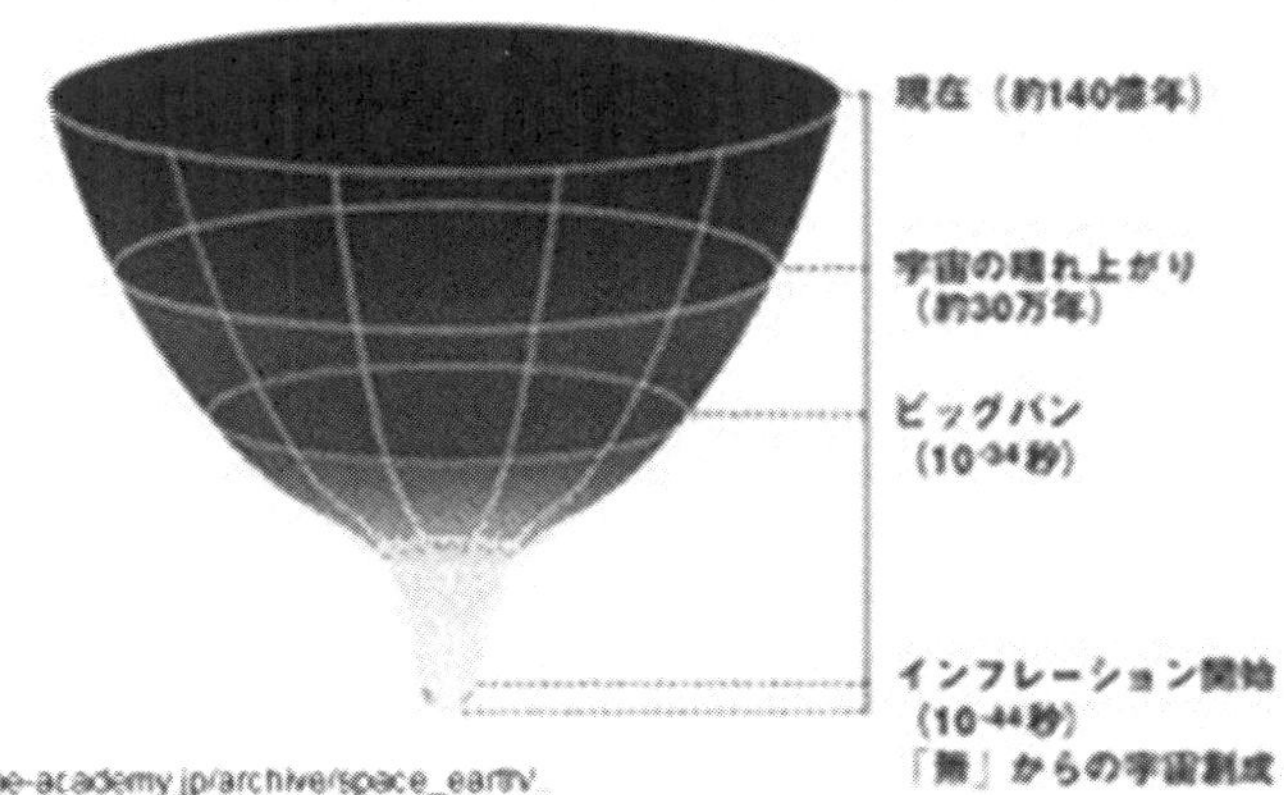

https://www.athome-academy.jp/archive/space_earth/

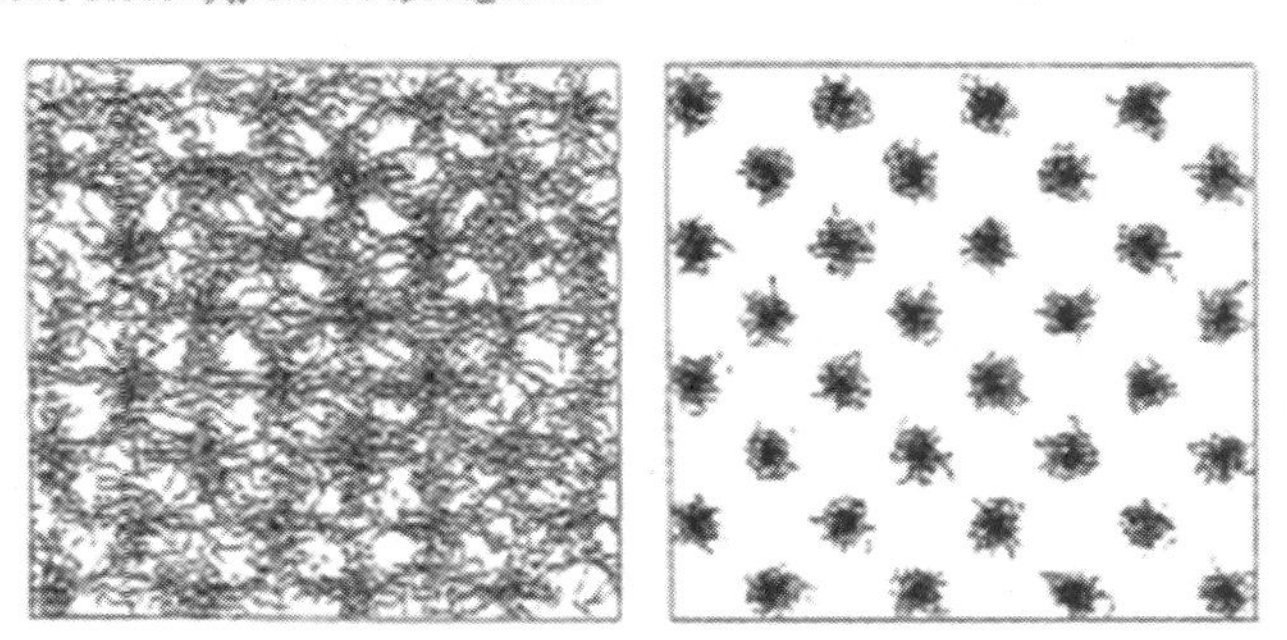

図 12　インフレーション宇宙と高温時・低温時の空間の状態

を場所的に異なるような配位構造をもたらします。なお、スクイーズとは「絞る」という意味です。

さらに、**スーパーストリング理論（超弦理論）**のストリング（弦）は時空の織物の糸とみなされます。ストリングは、時空の基礎構造、または微細構造の基本要素であると考えられます。ストリングが時空の構成要素であると仮定しますと、時空間の可能な量子状態の存在が示唆されます。これは、時空間のエントロピーがストリングの集合体として定義できることを示しています。

時空を構成するストリングは、**図13**のような弾性体の高分子鎖に対応します。統計的エントロピーは状態数の対数（すなわち、システムの縮退）ですので、どのような種類の物理的状態が存在するかを考慮する必要があります。

それゆえ、量子場理論を使用した推進システ

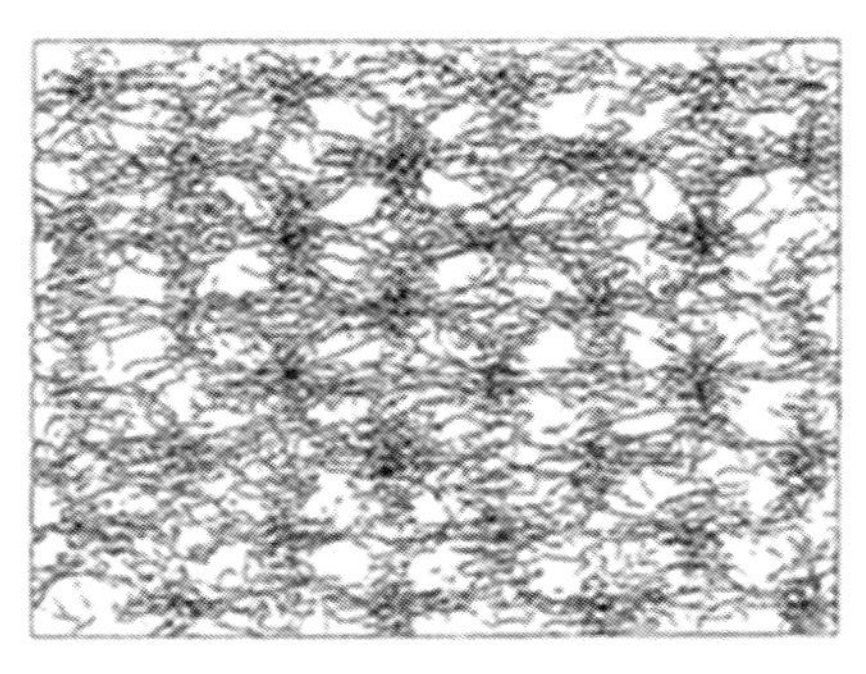

図13　時空を構成するストリング

ムの可能性がでてきます。これは、時空間の構造がある種の物理的なミクロ状態から構成され、エントロピーの性質を提供することを示唆しています。

量子場理論的推進概念

スーパーストリング理論のストリング（弦、ひも）は、時空間の織物の糸とみなされます。ある意味では、それは個々のストリングがあたかも時空の「断片」であるかのようであり、それらが適切に共鳴振動を受ける場合にのみ、従来の時空の概念が現れます。したがって、ストリングは時空の基礎構造の基本的要素であると思われます。これは、ストリングがゴムのようなある種の弾性体のポリマー鎖のように振る舞うことを示しています。

一般に、弾性には、ばねのようなエネルギー弾性（結晶弾性）とゴムのようなエントロピー弾性（ゴム弾性）の2種類の性質があります。エネルギー弾性は、分子間の原子間距離、または変位の変形によるものです。これは、内部エネルギーの減少に対応します。エントロピー弾性（ゴム弾性）は、ポリマー鎖の熱運動によるものです。これはエントロピーの増加に対応します。ゴムの弾性は結晶質固体の弾性とは非常に異なります。ゴムの弾性定数は温度と共に増加します。

最新の宇宙論と素粒子論の観点から、真空としての空間はエントロピー弾性の性質を保持していると考えられます。また、真空としての空間は、そのエントロピーがストリングの集合体として定義することができ、空間の構成要素としてのストリングは弾性体の高分子鎖に対応すると考えられます。通常のゴム弾性に示されるように、弾性力はエントロピーの増加方向（小さなエントロピーから大きなエントロピーまで）のエントロピー勾配によって導出されます。従って、エントロピーの場の勾配から弾性力「F」が生成されます。

励起した空間はゴム弾性の性質を示します。ゴム弾性の統計力学でよく知られますように、弾性力Fは次式で与えられます。

$$F=T\frac{\partial S}{\partial r},\ S=k\log W,\ \Rightarrow\ F=kT\frac{\partial \log W}{\partial r}$$

Tはエネルギー密度としての温度密度、Sはエントロピー、rは距離、Wはミクロ状態数、kはボルツマン定数です。

図14は、真空の**ゼロ点電磁エネルギー擾乱**と空間の微細構造を示します。空間のエントロピー構造を考慮すると、エントロピーは状態の数の対数に比例しますから、どんな種類の物理的状態が存在するのかを考慮することが必要です。**図14**（a）は**ゼロ点振動子**で構成される真空状態を、**図14**（b）と**図14**（c）は空間の場に絡みつくオープンストリングを示しています。**図14**（b）は現在の極低温の宇宙空間の状態を、**図14**（c）は初期宇宙の極高温状態を示します。

空間の励起は、何らかのトリガにより空間に絡みついたオープンストリングが**図14**（b）の秩序ある整列した配置状態（エントロピー小さい）から、**図14**（c）の無秩序で乱雑に整列した配置状態（エントロピー大きい）に相転移することを意味します。この描像はこれらの状態がエントロピーとして解釈できることを示しています。

真空は透明なゴム状の実体のある場

真空である空間は、透明なゴムの塊のようなもので、曲がったり、伸びたり、縮んだりする透明なゼリー状、あるいはゴム状の実体のある場とマクロ的に考えることも重要です。真空である空間がある領域の範囲で曲がって生成する重力のような、**一般相対性理論**的な観点からの見方です。

図15の右の図は相対論の本でよく見られる重力を説明する図です。平坦な格子状の空間が重量物により、くぼみが生じ空間が凹む、その凹みの周辺に向かって物が落ちるということです。逆に、何らかの方法で平坦な格子状の空間が、上の方向に出っ張りが生じ空間が膨れ上がることも考えられます。**図15**の左の図は空間が前方でへこみ、後方で膨れ上がる状態を示して

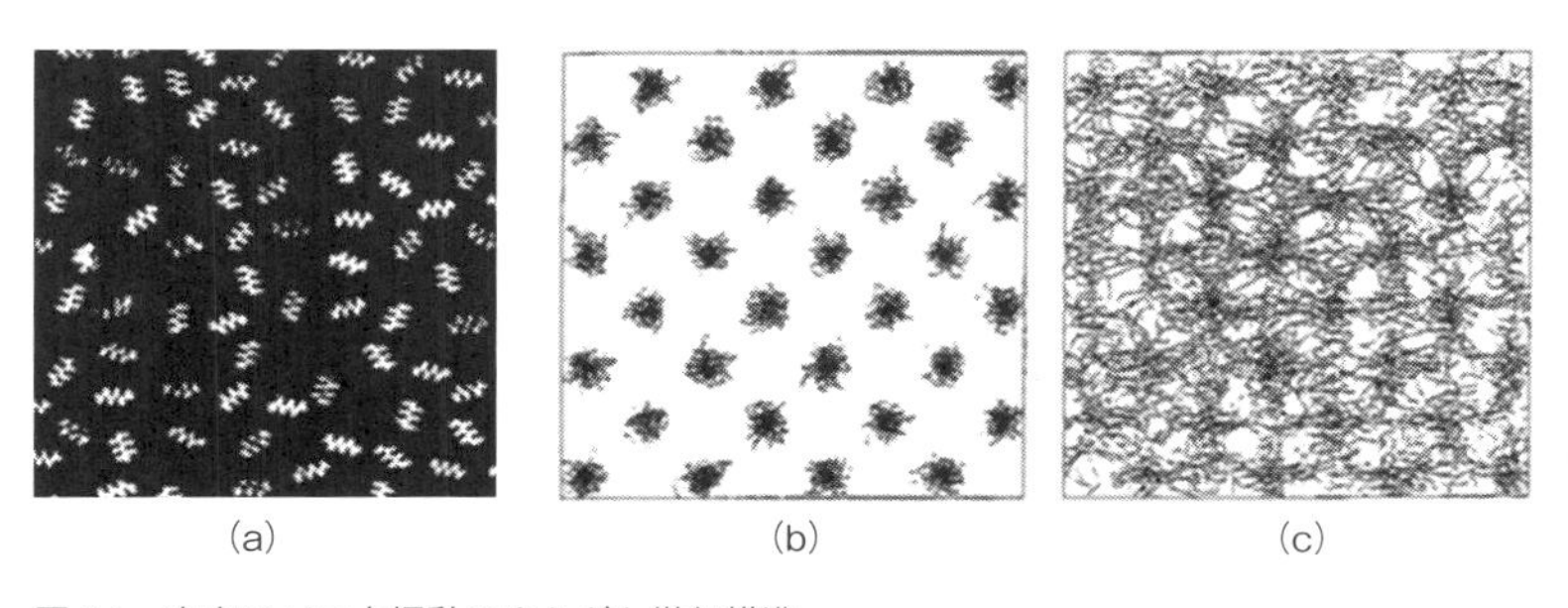

図 14　真空のゼロ点振動のゆらぎと微細構造

います。

ここからは、**圧力推力を推進原理とする新型宇宙推進ロケット**の夢のお話しをしたいと思います。**図16**に示しますように、新型ロケットの前方では通常の真空状態で**ゼロ点振動子**の数が少なく、**ゼロ点輻射圧**が小さいとします。何らかの方法で新型ロケットの後方に**ゼロ点振動子**の数を多くなるようにしますと、**ゼロ点輻射圧**が大きくなります。水中のピンポン玉が水圧の高い方から水圧の低い方向に押されて進むように、**新型ロケット**は**ゼロ点輻射圧**の大きい後ろの真空から、**ゼロ点輻射圧**の小さい前方の真空に押されて前進します。これはミクロの量子論的な観点で考えられる方法です。いずれにせよ、飛行機が空気の性質を利用して飛ぶように、真空である空間の性質をよく知ることが大切です。

さきほどの押されて進むことをたとえ話しで説明しましょう。

図17の写真のような満員電車の中でAさんが立っています。すし詰め状態でAさんは周囲の乗客から押されていますが、どちらの方向にも満員で動くことができません。ここで何らかの拍子でAさんの前の人が倒れていなくなると、前から押されていた圧力がなくなり、Aさんは後ろの乗客から押されて前に進むことになります。

前に進むと、再びAさんは周囲を乗客に囲まれ、身動きができなくなります。しかし、前の人が再び急にいなくなれば、後ろの乗客に押されて前に進むことができます。この一連の操作が繰り返さ

真空である空間とは何だろう(3)

真空である空間は、曲がったり、伸びたり、縮んだりする透明なゴム状の実体のある場。

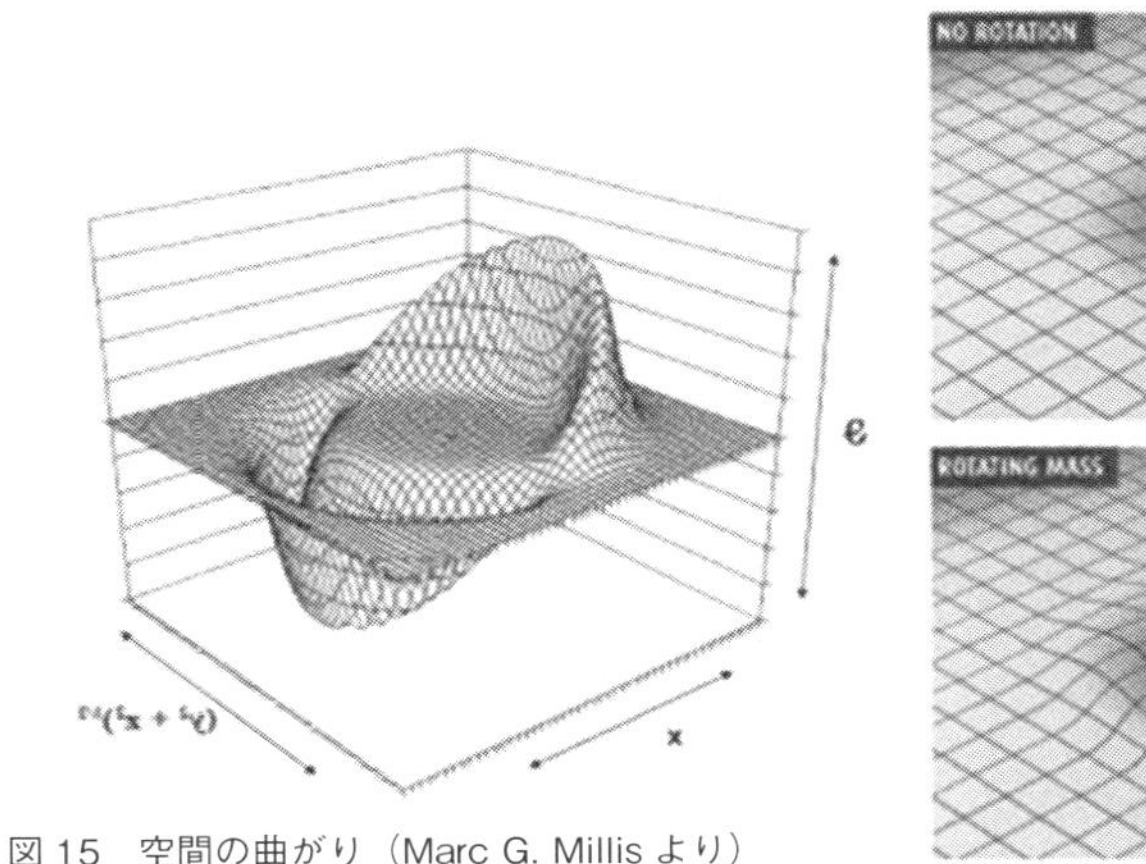

図 15　空間の曲がり（Marc G. Millis より）

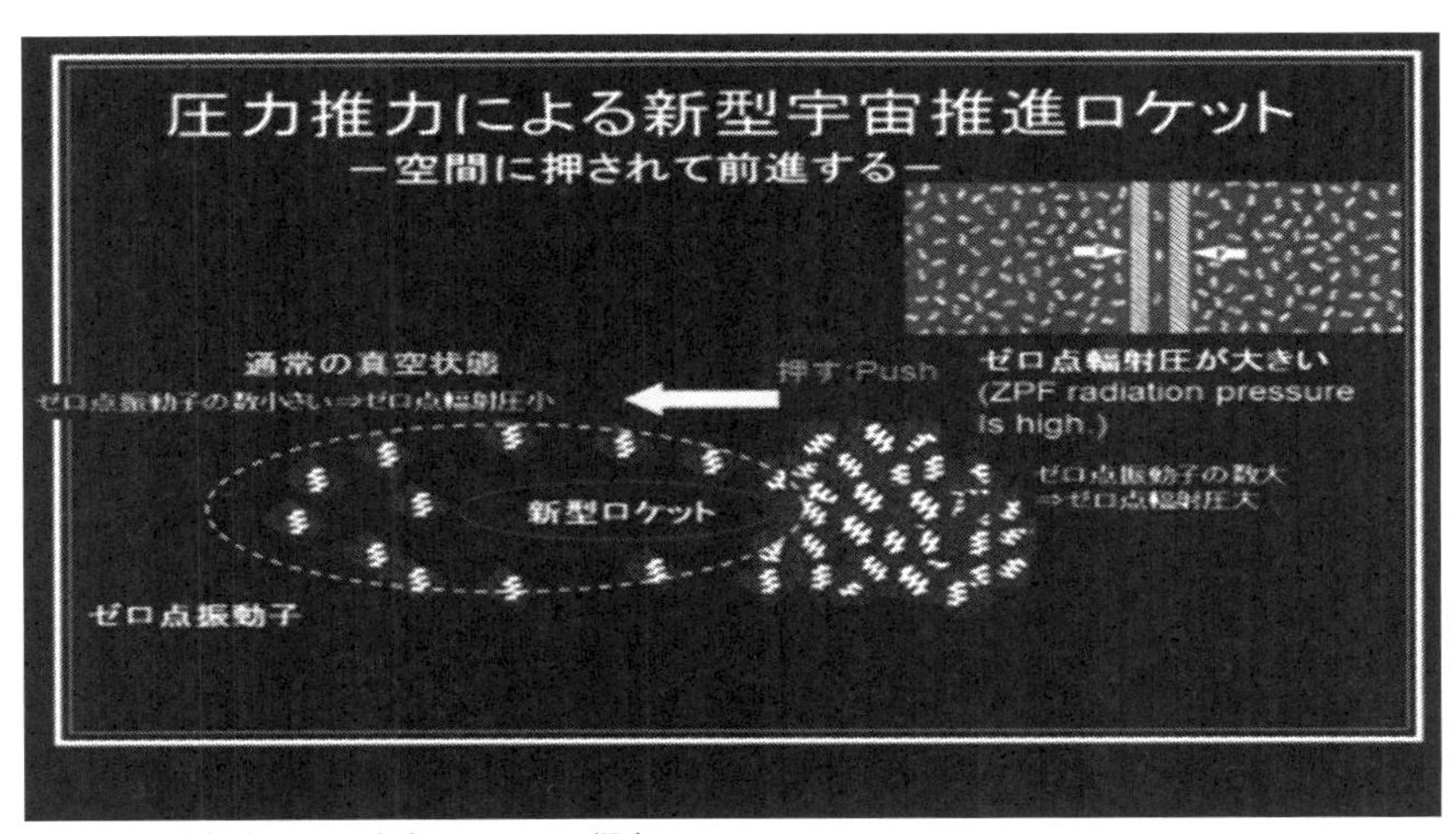

図 16　圧力推力による宇宙ロケットの概念

れることで、Aさんは後ろから押されて前進することになります。

つまり、ボールに周辺からの圧力が均等にバランスよくかかっていれば、ボールは進まないで静止していますが、圧力のバランスが崩れれば、圧力の弱い箇所に向かってボールは前進することになります。

このたとえ話を、それらしい**図18**で説明します。

通常の真空の場の圧力の強さをゼロとします。**宇宙ロケット**の後方の真空の場の圧力の強さを増加させ、前方の真空の場の圧力の強さを減少させれば、**宇宙ロケット**は後ろから押され、前から引っ張られて前進します。これは同時にする必要はなく、**宇宙ロケット**の前方は通常の真空状態で後方の真空の場の圧力の強さだけを増加させ、後ろから押して前進するだけでもよいし、**宇宙ロケット**の後方は通常の真空状態で前方の真空の場の圧力の強さだけを減少させ、前から引っ張って前進するだけでもよいのです。

いずれにせよ**宇宙ロケット**の前後に非対称でアンバランスな真空の場の圧力を生成し、広大な真空である空間に対して推進させることが重要です。

同じことですが、宇宙船前方の平坦な格子状の空間にくぼみが生じて空間が凹み、宇宙船が引っ張られ、落ち込む。あるいは、宇宙船後方の平坦な格子状の空間が膨れ上がり、例えば風船が膨れ上がると、膨らむ風船に押されるように宇宙船は後ろから押されて前進します（**図19**）。

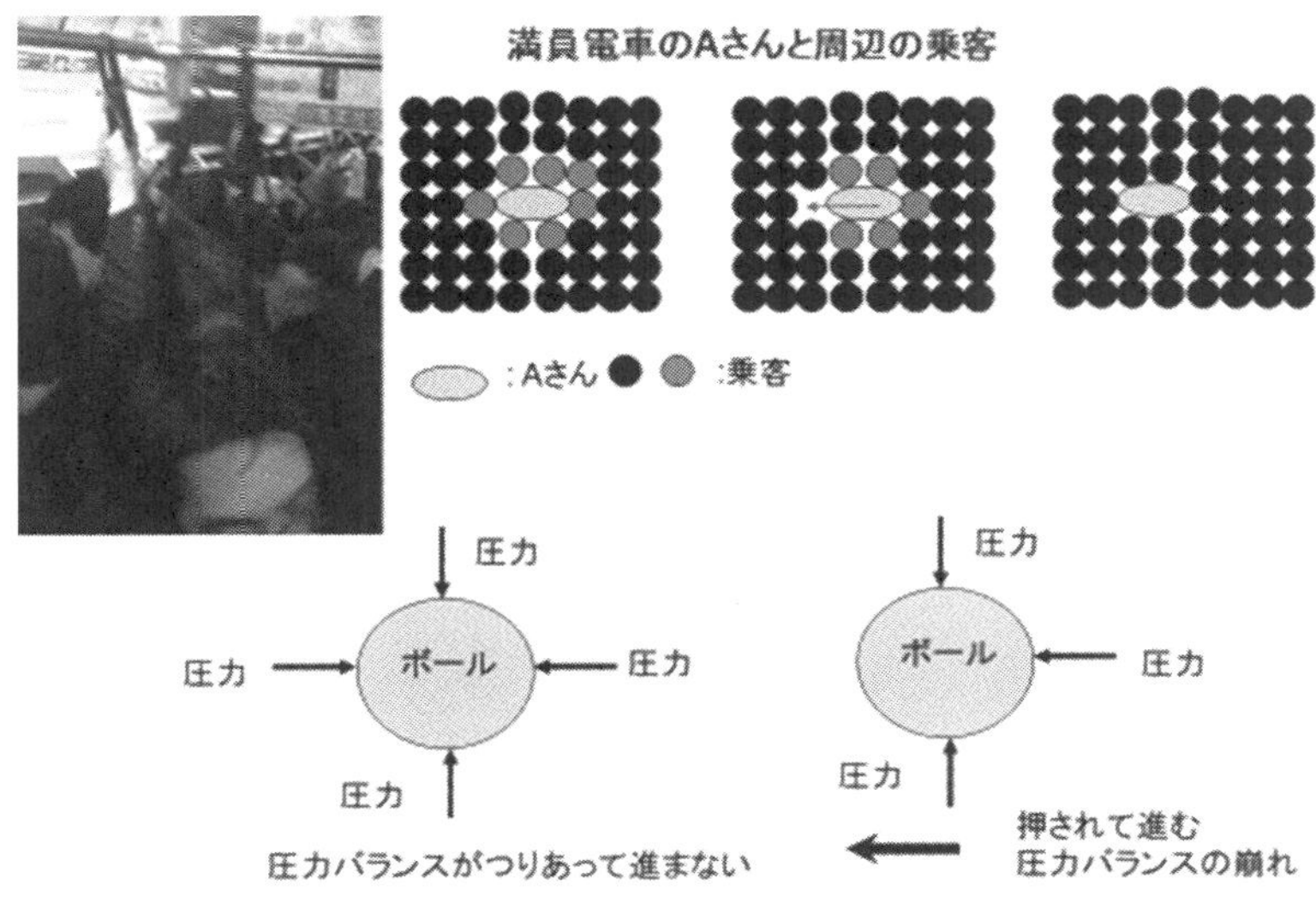

図 17　圧力推力の例

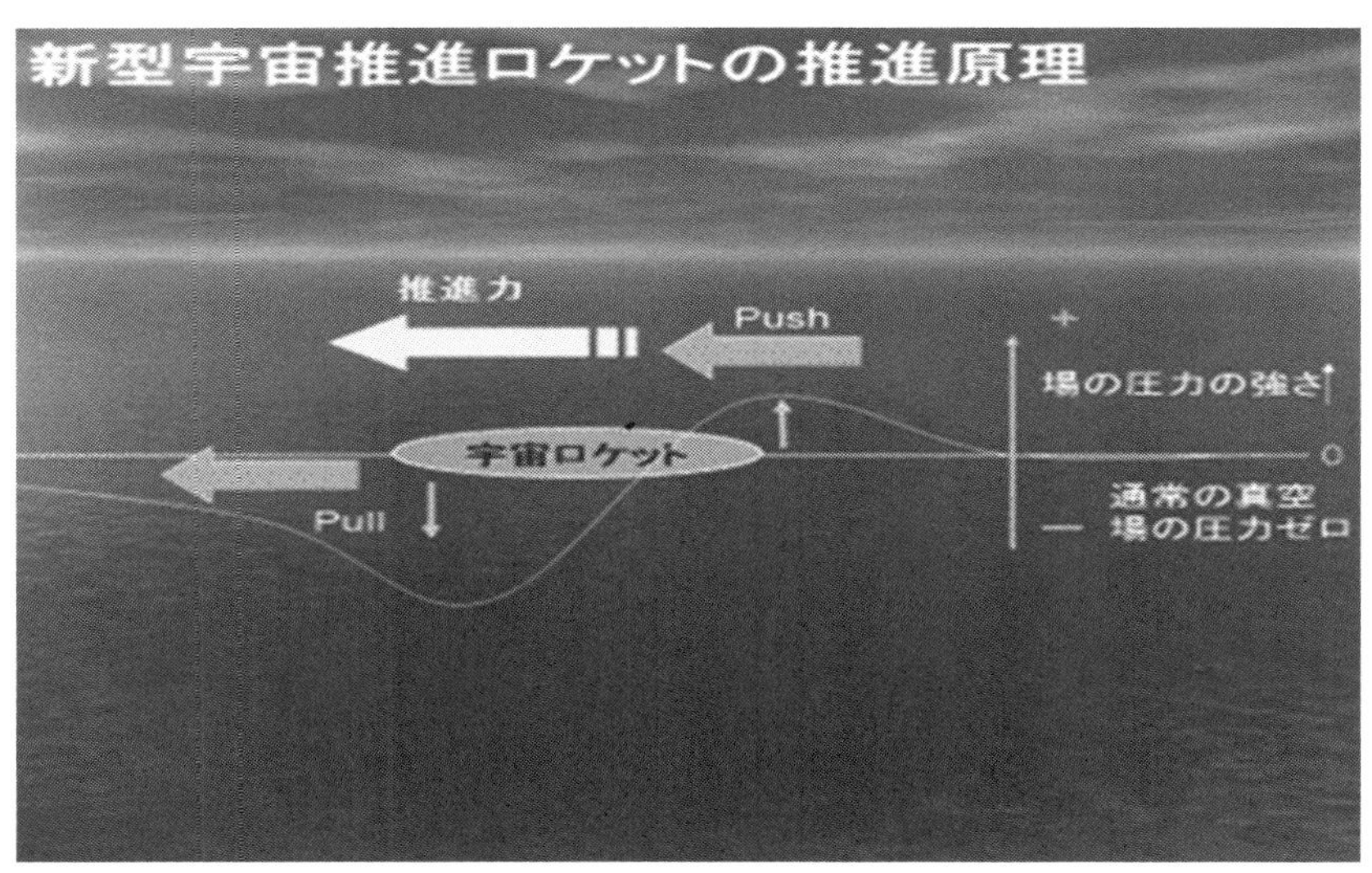

図 18　推進原理

図20は参考にこんなものだと見てください。数式だらけですが、一種のデザイン文字として無視してください。これは国際会議や欧米のジャーナル誌で掲載されている、**圧力推力を推進原理とする空間駆動推進システム**（Space Drive Propulsion System）を要約したものです。初期は推進原理の説明が容易な磁場の磁束凍結メカニズムの収縮を用いた強磁場による方式で発表しましたが、1996年以降推進性能が良好な重力場方程式の**ド・ジッター解**を用いた方式を基本にし、磁場はまったく・・・・・・・・・使用しません。

①励起した空間（Excited Space）の空間エネルギー密度は、励起していない通常の周辺の空間（Usual Space）に較べて大きい。空間の曲率が推進理論に重要な役割を果たす。推力は曲率の大きさと曲がった空間範囲の大きさの両方に比例します。（1988）

②**ド・ジッター解**による加速度（宇宙船内に潮汐力が生じない定加速度解）が導出されました。（1996）

次章では、**フィールド推進システム**の代表例として、最も検討された**空間駆動推進システム**（Space Drive Propulsion System）について紹介します。

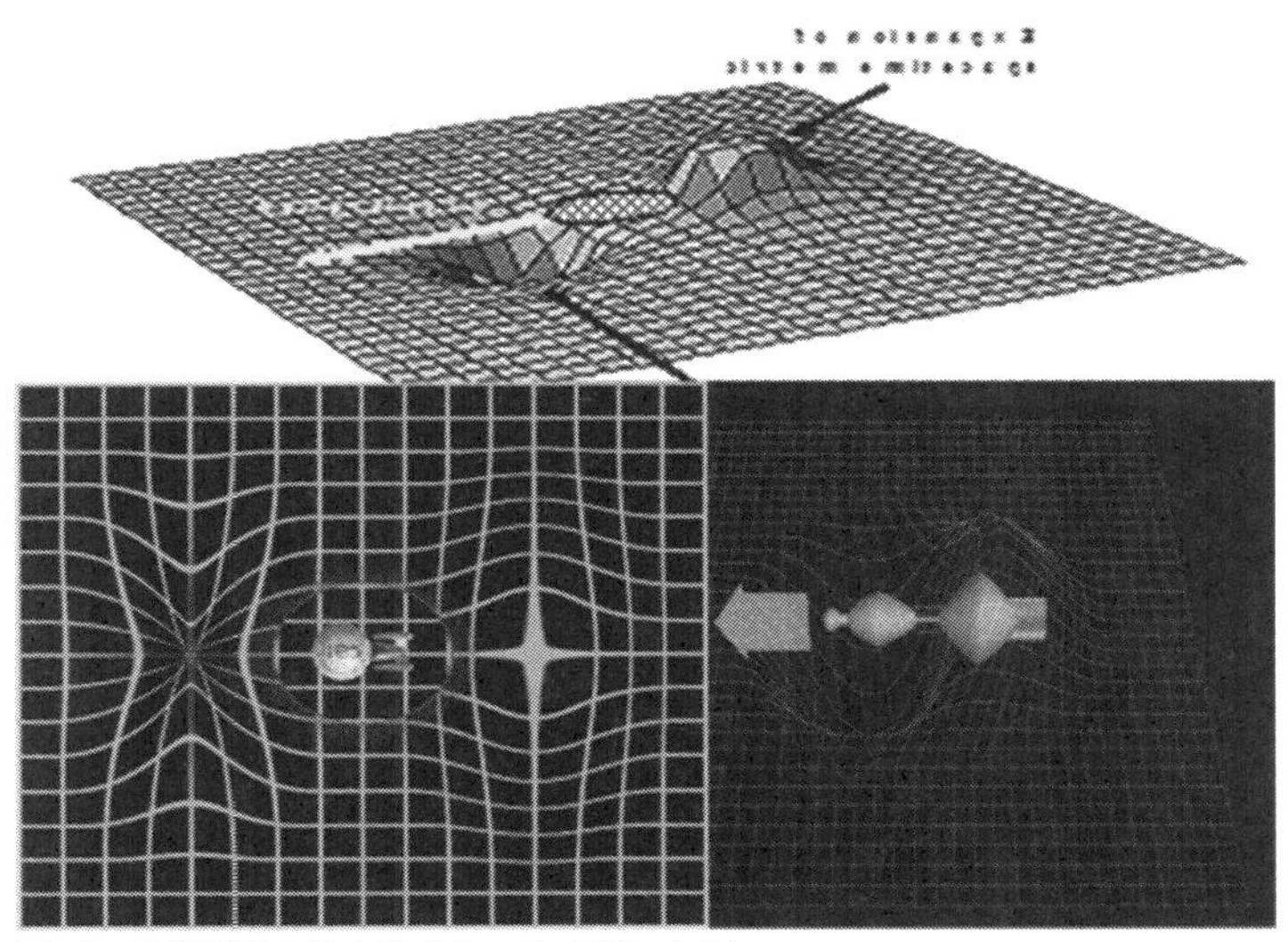

図 19　推進原理の他の例（Marc G. Millis より）

SPACE DRIVE PROPULSION SYSTEM

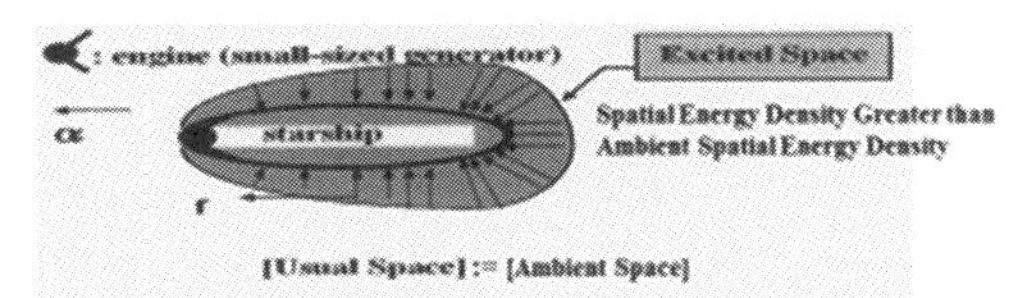

- Curvature of SPACE (R^{00}) plays a significant role for propulsion theory (Y.Minami:1988).

$$F^i = m\sqrt{-g_{00}}c^2\Gamma^i_{00} = m\alpha^i = m\sqrt{-g_{00}}c^2\int_a^b R^{00}(x^i)dx^i$$

$$R^{00} = \frac{4\pi G}{\mu_0 c^4}\cdot B^2$$

Both strength of curvature and its extent (volume) are important.

- Acceleration induced by de Sitter solution is found in 1996 by Minami : constant acceleration α (i.e. no tidal force inside of the starship).

$$\alpha = \frac{2\pi G\lambda}{3c^2}\phi_0{}^4 = 1.6\times 10^{-27}\lambda\phi_0{}^4$$

Φ_0: non-zero vacuum expectation value of field

図 20　空間駆動推進の例

3
空間駆動推進システム
一般相対性理論と連続体力学の理論から

フィールド推進システムの代表例として、**空間駆動推進システム**の推進メカニズムについて説明します。ここでは概念的な説明を主とし、詳細な数式を含めた内容は洋書“Field Propulsion Physics and Intergalactic Exploration”を参照されたい。

背景と経緯

空間駆動推進システムの概念は１９８８年に札幌市で開催された『16th International Symposium on Space Technology and Science（16th ISTS）』（第16回スペース・テクノロジーと科学の国際シンポジウム）で、「Space Strain Propulsion System」（空間歪み推進システム）の講演題目で発表しました[1]。“space strain :（空間歪み）”という用語はＳＦ作家としても著名なロバート・Ｌ・フォワード（Robert L. Forward）氏のアドバイスを受けて、“space drive :（空間駆動）”に変更しました[2]。その後、１９９４年に2番目の論文「Possibility of Space Drive Propulsion」（空間駆動推進の可能性）をイスラエルで開催された45th IAF 国際会議で発表しました[3]。空間の基本的な概念と必要な数式はすでにこの時点で完成していました。

真空である空間が無限の連続体であるとのひとつの仮定により、**連続体力学**と**一般相対性理論**を空間に適用することで、空間の幾何学的な構造から導出される圧力場を利用した推進原理が導かれました。

推進力は、宇宙船の周囲の外部環境である空間と、宇宙船そのものとの相互作用から生じる圧力推力です。宇宙船は空間の連続体構造に対して推進することになります。これは、空間が一種の透明な弾性質的な場と考えることができることを意味します。

すなわち、真空の空間は、膨張、収縮、ねじれ、曲げなどの変形の動きを行なうことになります。最新の宇宙論（フリードマン、ド・ジッター、インフレーション宇宙論モデル）はこの仮定を支持しています。空間はゴムのような弾性体とみなすことができます。

リーマン幾何学にもとづいた**一般相対性理論**は、空間がエネルギーの存在（質量エネルギー、電磁エネルギーなど）により曲がることを示しています。この空間の曲がりを認めることは、空間が前述の弾性質的な場であり、連続体力学から膨張、収縮、ねじれ、曲げのような変形動作の性質を有することになります。**一般相対性理論**は重力に対して空間の曲率のみを使用し、空間の膨張・収縮は宇宙論で使用されています。空間のねじれは東北大の**早坂秀雄のドーラム・コホモロジー理論**〔4〕や**ロジャー・ペンローズのツイスター理論**〔5〕で使用されています。

空間駆動推進システムの推進原理は、**一般相対性理論**と**連続体力学**の理論から導出されます。真空としての空間をゴムのような弾性体として仮定しています。空間の曲率が推進理論に対して重要な役割を果たします。**一般相対性理論の重力場方程式**から、質量同様電場、磁場も空間の曲率を生成します（ただし、磁場の効果>電場の効果）。

この曲がった空間の領域は単一方向の加速度の場を生成します。この曲がった空間領域にある宇宙船は、加速度を受けて単一方向に推進します。空間駆動推進の推力は体積力であり、宇宙船内部の全物質点（原子）に一様に作用しますので、慣性力の作用がありません（自由落下と等価です）。どんな大きなGの加速度でも、乗員は自由落下同様に静止状態のままです。

南（著者）は１９８８年以前に磁場によって誘起される空間の曲率の式を導きました［1］。この方程式は１９９５年にレビチビタ（Levi-Civita）が考えた方程式（すなわち、静磁場がスカラー曲率を生成する）に一致することが判明しました［6］。

最新の宇宙論では、真空のエネルギーと**宇宙項**“Λg^{ij}”は同義語として扱われます。Λ（ラムダ）は**宇宙定数**として知られています。宇宙定数Λを有する宇宙項Λg^{ij}は、真空エネルギーに関連する応力、エネルギー・テンソルと同一です。真空エネルギーの性質、すなわち**宇宙項**は、宇宙の膨張、すなわちインフレーション宇宙論にとっても重要なのです。

当初、**空間駆動推進システム**の推進理論は**重力場方程式のシュヴァルツシルト（Schwarzschild）の外部解**に基づき、強力な磁場によって生成される空間の曲率によって生じる加速度が研究されました［3］。しかし、**ド・ジッター（de Sitter）解**に基づく優れた加速性能が得られましたので、１９９６年の第47回ＩＡＦで新しい加速度解を発表しました［7］。詳細はJBIS、Vol.50［8］に掲載され、また、１９９８年にSTAIF-98国際会議で発表しています［9］。

現時点で、空間駆動推進システムは、**ド・ジッター解**に基づいており、**ド・ジッター解**から得られる加速度は強磁場を必要とせず、空間を励起する技術を必要とします。この解は宇宙船内で潮汐力がなく、宇宙船内の場所に関係なく一定の加速度を生成します。

また、空間の急速な膨張を示すインフレーション宇宙は、弱い相互作用の**ワインバーグ・サラム**

（Weinberg-Salam）**モデル**によって示される真空の相転移に基づいています。空間としての真空は、水が氷になるようにまた氷が水になるように相転移の性質を持っています。これは、空間としての真空が物質のような実質的な物理的構造を有することを示しています。このことは空間駆動進原理の前提条件と一致しています。

なお宇宙論でよく知られていますように、宇宙の膨張則は、**フリードマン**（Friedmann）**方程式**と**ロバートソン・ウォーカー**（Robertson-Walker）**メトリック**によって支配されています。

最後のセクションでは、この空間駆動推進の推進原理を別の角度から新たに紹介しています。つまり、最新の宇宙論に基づいた推進原理では、空間の局所的な急速膨張によって引き起こされる場の圧力が考慮されます。

推進原理と推進メカニズム

空間駆動推進システムの推進原理は、真空である空間を一種の弾性質的な場として連続体力学の対象とし、一般相対性理論と連続体力学に基づく空間の幾何学的性質により決定される空間の力学構造から導かれたものです。

これは空間がゴムのように、曲がったり、捩(ねじ)れたり、伸びたり、縮んだりするといった変形運動の性質を保有しているという仮定であり、**現代宇宙理論**（**フリードマン、ド・ジッター、インフレーショ**

ン宇宙モデルなど）はこの仮定を支援します。このことは、空間を例えば、無限に続くゴムのような塊として捉えることを可能にします。

人や車が広大な地球の地面を押して進むように、空間駆動推進は無限に続く宇宙空間を押して進む方式と解釈できます。そして、無限の連続体である宇宙空間は押されることにより若干歪む（変形する）かもしれません。ちょうど人や車に押されて、地球が少し後退するように……。

しかし、この「押し」は空間自身が歪むことにより吸収されます。宇宙空間全体が人や車を押すための地面のようなものと考えられます。ただし、「空間を押して進む」という表現は、空間をある領域の範囲で曲げ、この曲がった空間領域に生成される加速度の場から推力を外力として受けることに対応します。

空間が連続体であると仮定しますと、連続体力学がいわゆる真空である空間に適用できます。これは空間が弾性的性質をもつある種の透明な場であると考えることができます。

図21は曲がった空間の層を示します。空間が曲がると、曲がった空間の薄い層は曲面の内側に向かう垂直応力（表面力）“***P***”を生成します（**図21**参照）。この垂直応力、すなわち表面力は一種の圧力場として作用し、次の式で表現されます。

ここから若干数式を記載しますが、気にせず無視してください。

$$-P = N \cdot (2R^{00})^{1/2} = N \cdot (1/R_1 + 1/R_2)$$

ここで、Nは線応力、R_1とR_2は曲がった空間層の主曲率半径、R^{00}は空間の曲率の主要成分を示します。

線応力としての膜力Nは定数値と考えられますので、上の式は空間の曲率の主要成分R^{00}が曲がった膜面の垂直応力"$-P$"を内側方向に生成することを意味します。

基本的な3次元空間の構造は、2次曲面構造により決定されます。それゆえ2次元リーマン空間のガウス曲率Kが重要な意味をもちます。ガウス曲率Kと空間の曲率の主要成分R^{00}との関係は次式で与えられています。

$$K=\frac{R_{1212}}{(g_{11}g_{22}-g_{12}{}^{2})}=\frac{1}{2}\cdot R^{00}$$

ここで、R_{1212}はリーマン曲率テンソルのゼロでない成分、g_{11} g_{22} g_{12}は計量テンソルです。

空間は弾性質的な連続体であるという仮定（空間は曲がったり、捩れたり、膨張・収縮する媒質である）が基本であり、空間の曲率（Curvature）が重要となります。平面状の膜（曲率0）には平面に何の力も生成されませんが、もし空間が曲がると曲面状の膜には、曲がった中心に向かう表面力（垂直応力）が生成されます。

これは一種の圧力場を生成します。例えば、シャボン玉のように、膜内の内側に向かう表面力がシャボン玉内の空気の膨張力と釣り合うことになります。

図22のように、多数の曲がった薄い曲面の層が集積しますと、内側に向かう単一方向の表面力を形成し、加速度 a の場を生成することになります。つまり、空間の曲率 R^{00} が加速度場 a を生成します。生成される加速度場 a は曲率の大きさ R^{00} と曲がった領域の大きさ r=（b－a）に比例します。

まず、空間を曲げることが必要で、この曲がった空間の領域を生成することが必要です。生成される加速度 a の場は、空間の曲率 R^{00} と曲がった空間領域の大きさにより決定されます。曲がった空間領域の加速度 a にある質量体 m は、ご存知のようにニュートン第2法則により推力 f を受けます。参考に数式を示します。

$$f = ma = m\sqrt{-g_{00}}\, c^2 \Gamma^3_{00} = m\sqrt{-g_{00}} \int_a^b c^2 R^{00}(r)\, dr$$

曲率 R^{00} を大きくして、曲がった空間領域を宇宙船の大きさ程度にすることが重要です。（リーマン接続係数 Γ^3_{00} は後述）

図23は、宇宙船の推進動作を説明する原理図です。

（a）は宇宙船（spaceship）を示します。●はエンジンを示し、宇宙船の前部に積載されています。エンジンを動作させますと、（b）に示すように、エンジンを中心にして平坦な空間が曲がった空間に変化し、この「平坦な空間→曲がった空間」の変化は、波紋のように周辺に空間の歪み速度（変

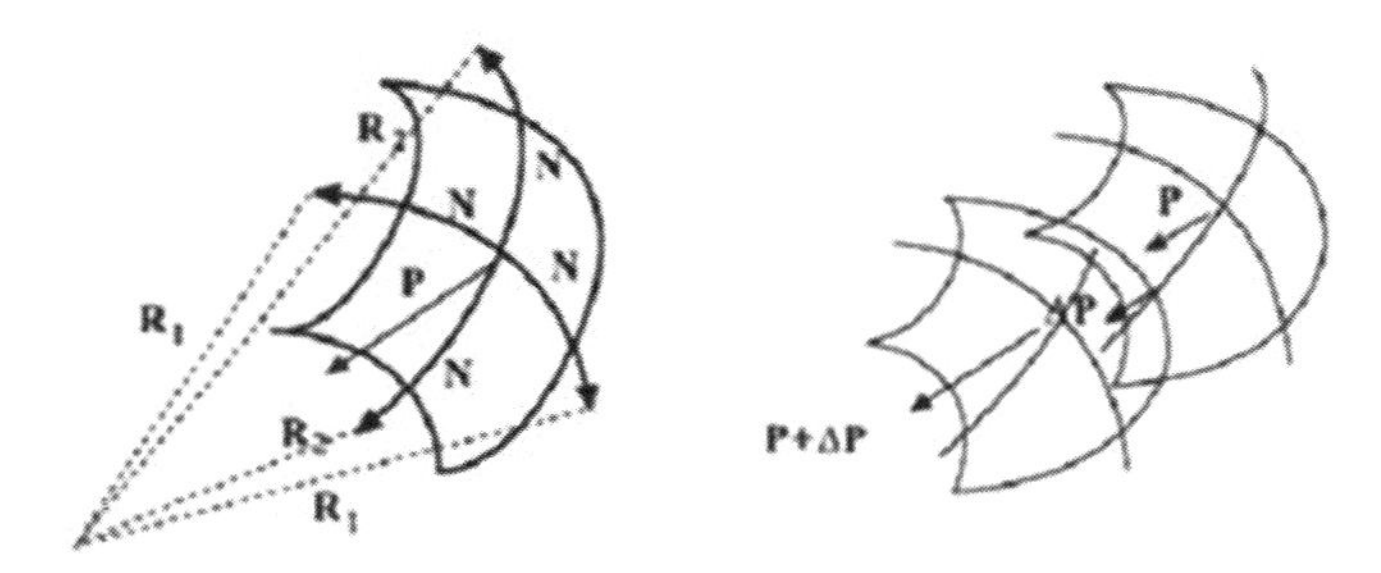

図 21　曲面の内側に向かう垂直応力 P

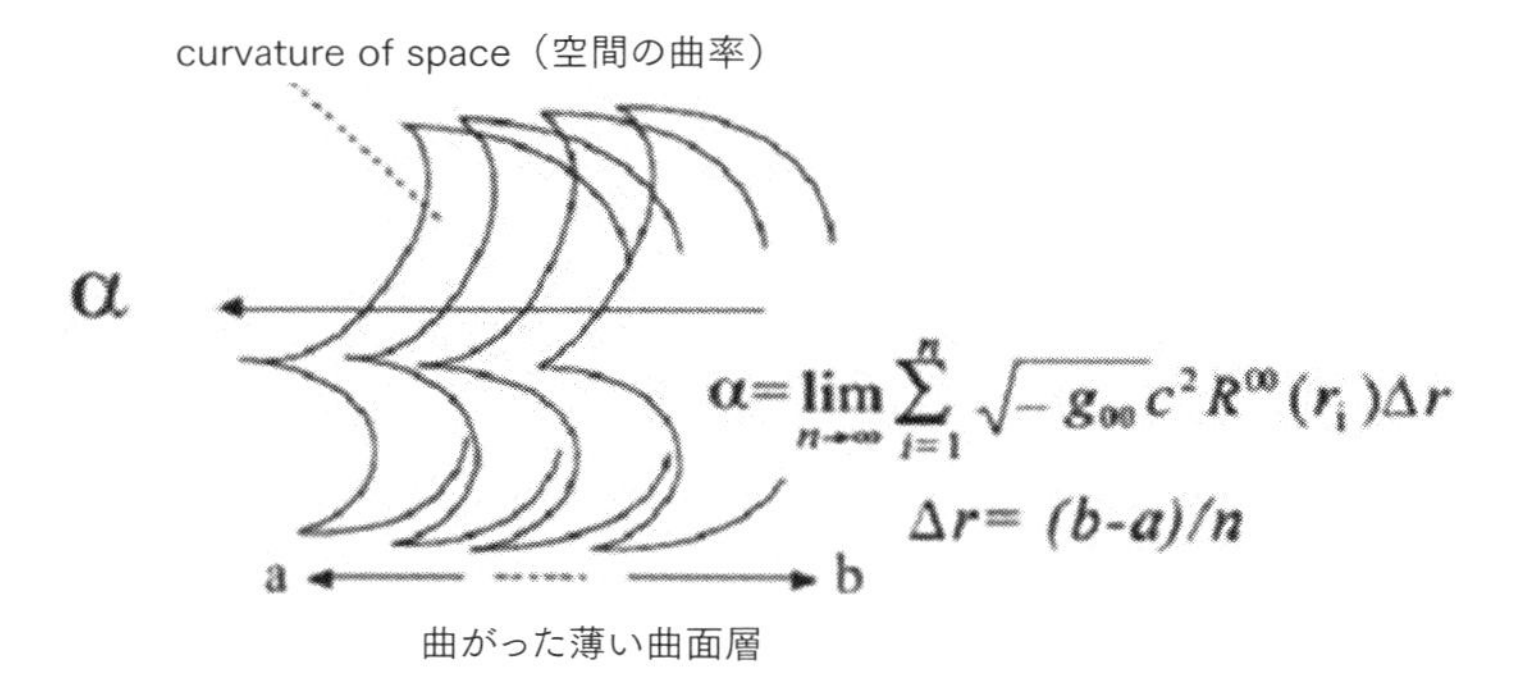

図 22　曲面の集積により生成される加速度の場

形速度）である光速度で伝搬します。

（c）ではさらに曲がった空間の領域が拡がります。（d）では曲がった空間の領域が宇宙船全体を覆います。（b）～（d）の状態では曲がった空間領域は宇宙船のエンジンを中心に固着した状態であり、宇宙船に推力は働いていますが、宇宙船は宇宙船に固着した曲がった空間を背負ったまま移動はできませんので、推進することはできません。宇宙船と曲がった空間とは平衡状態にあり、推進したくても推進できないのです。

次に、（d）の状態で空間を曲げているエンジンの動作を停止させます。（e）に示すようにエンジンを中心にして付近の曲がった空間が平坦な空間に戻り、この「曲がった空間↓平坦な空間」の変化は波紋のように周辺に光速度で伝搬します。（f）で平坦な空間の領域が拡がります。（g）ではさらに平坦な空間の領域が大きくなり最初の（a）の状態に近くなります。

（e）～（g）では、宇宙船は空間を曲げようとする作用を停止しており、曲がった空間から独立しています。宇宙船と曲がった空間との平衡状態は破れており、推進できる状態にあります。この状態は、地球周辺の曲がった空間領域に存在する物体が地球中心に向かって落下する、つまり推進できる状態にあります。物体は曲がった空間から独立していますので……。

すなわち、宇宙船の質量体の大部分が右側の曲がった空間領域に存在しかつ独立していますので、宇宙船は右側の曲がった空間領域から推力を受けて左側へ推進することができます。一方、左側の曲がった空間領域は光速度で左方向へ逃げていくので、宇宙船前部への逆推力は働きません。

宇宙船に働く推力は（e）の方が（f）より大きい。なぜならば、宇宙船を覆う曲がった空間領域が（e）

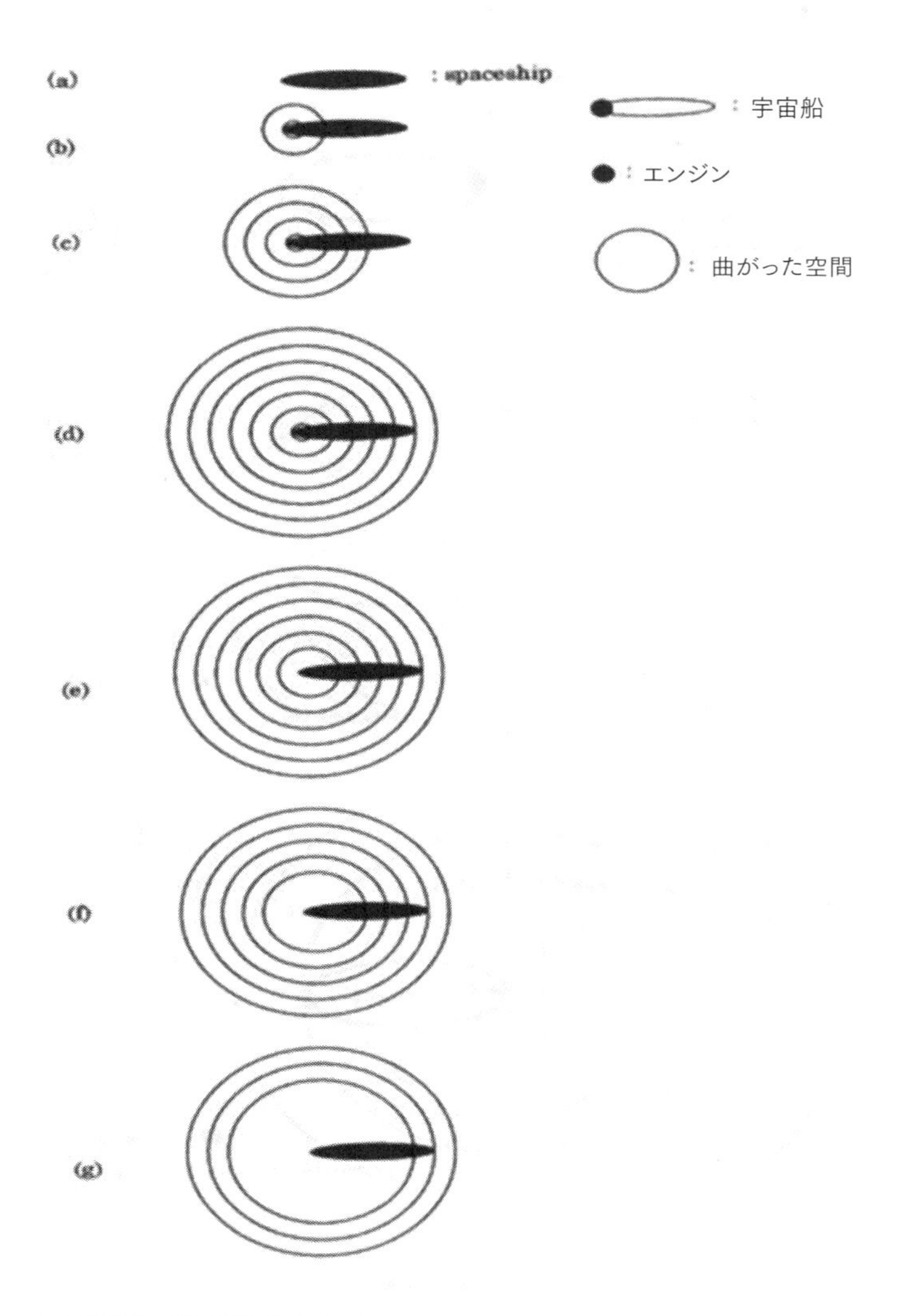

図 23　空間駆動型宇宙船推進動作（1）

の方が広く、大きいからです。（g）は宇宙船を覆う曲がった空間領域が小さくなり、推力は急激に小さくなります。図23の（a）～（g）から理解されますように、この推進メカニズムは宇宙船の速度が空間の歪み速度である光速度に近づくと急激に推力が減少し、光速度で推力はゼロとなります。

この推進システムの理論到達速度は準光速度となります。また、エンジンのオンオフによる（a）～（g）の工程を1サイクルとして、1秒間に数10～数千、数万サイクル繰り返すパルス推進システムとなります。

ちなみに、地球周辺の重力場は地球を中心とする同心円状（同心球状）の曲がった空間で幾重にも覆われています。りんごは、りんごの位置の曲がった空間の層から遠くの位置の曲がった空間の層までの曲がった空間領域で生成される加速度により落下することになります。りんごは地球に引っ張られて落下するのではなく、地球が作る曲がった空間領域から押されて落下するという解釈です。

この動作を、空間の曲がりを示す図24によりもう少し詳細に説明します。

地球の場合を考えますと、空間の曲がりは地球を中心とした球対称であり、かつ地球に固着していますので、地球それ自身は空間の曲がりにより移動できません。（a）のように非対称な空間の曲率の状態が原理的に望ましい、すなわち左側のA'領域が平坦な空間で、右側のA領域が曲がった空間である非対称な空間配置が推進するためには望ましいのです。

しかしながら、現実的には（b）に示す対称な空間の曲率を有する空間でも、（a）と同一の状態

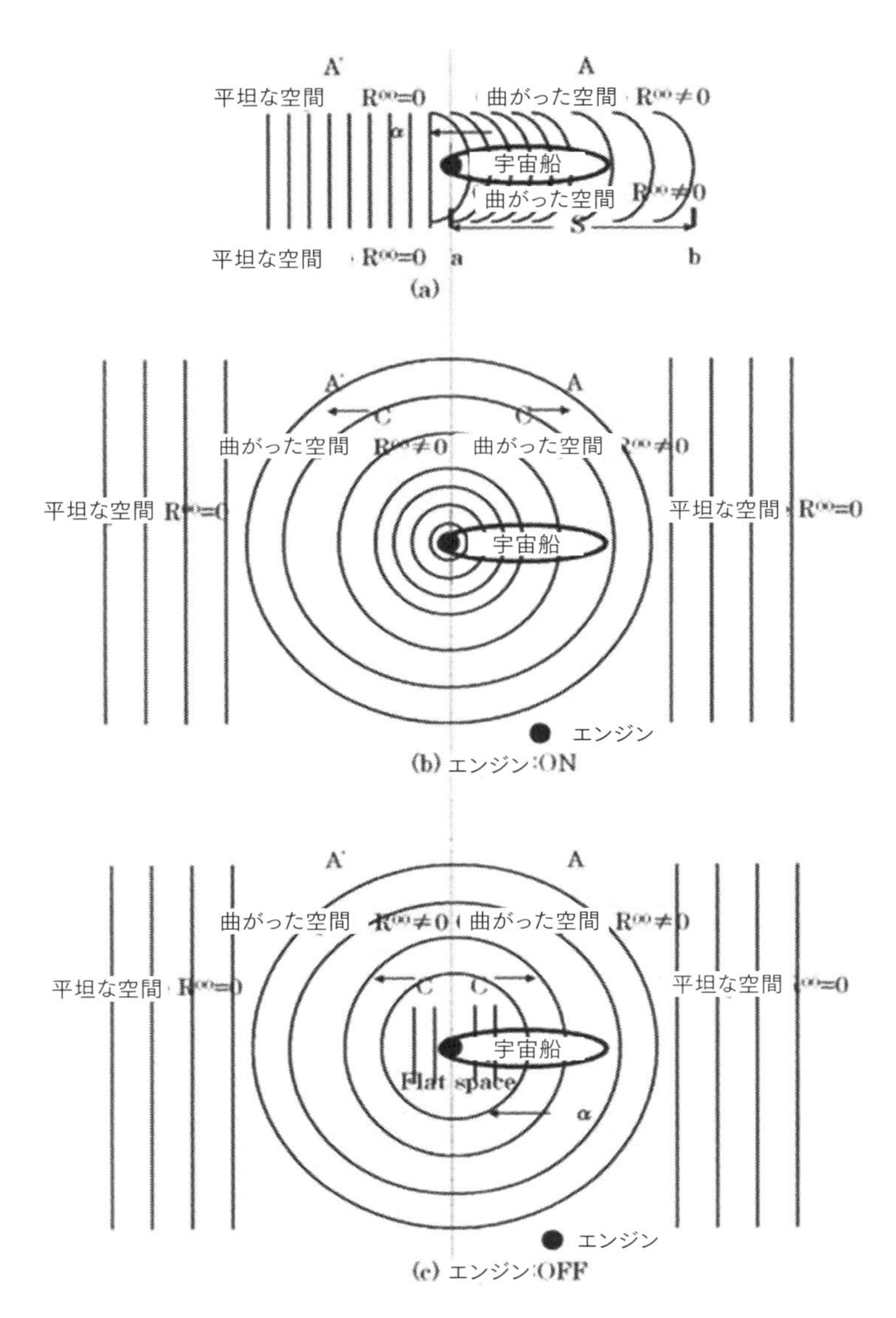

図 24　　空間駆動型宇宙船推進動作（2）

であることが理解されます。曲がった空間は左側のA'領域と右側のA領域とで対称に存在しますが、宇宙船の質量体のすべては曲がった空間の右側領域に存在していますので、まずは一方向に移動できます。しかしこのままでは、空間を曲げている宇宙船と周辺の曲がった空間領域とが相互作用して平衡状態にあり、移動できません。自ら生成した場をそれ自身が背負ったままの移動は運動力学上できないからです。

移動するためには、宇宙船は空間を曲げて宇宙船周辺に曲がった空間領域を生成しているエンジン●の作用を停止しなければなりません。このエンジン停止時点で、宇宙船は周辺の曲がった空間領域の場と独立になり、平衡状態が破られ移動できるのです。

ただし、その移動できる時間は、（c）に示すように曲がった空間領域が平坦な空間に戻る時間**（曲がった空間領域長÷空間の歪み速度である光速度C）**の間となります。

宇宙船エンジン周辺の空間の曲がりは地球のように球対称ですが、宇宙船の質量体が右側の曲がった空間領域に存在し、左側の曲がった空間領域には存在しないという非対称な配置のため、左側の曲がった空間領域は宇宙船に対して逆推力にはなりません。エンジン停止時に左側の曲がった空間領域は光の速度Cで平坦な空間に戻り、宇宙船前方に遠ざかるからです。したがって、宇宙船は右側の曲がった空間領域から推力を受けて、つまり宇宙船の後部から空間に押してもらって推進することになります。つまり、この状態は（a）の状態と等価です。

なおここで、磁場生成作用の起動・停止すなわち磁場のスイッチのオン、オフは次の状態を意味します。単にスイッチによるコイルの電流のオンオフでないことに注意する必要があります。電流オフ時のバックラッシュ電流により磁場がゼロにならないからです。磁力線凍結による磁場濃縮技術を対象としています。

図25は、この間の推進動作を示すタイムチャートです。

宇宙船の機体長L、曲がった空間領域長S、光速値cとします。

①曲がった空間領域長がSになる時間 t_1 = S/cの間、エンジンをオンし動作させます。

②次にエンジンをオフすると、曲がった空間が平坦な空間に戻る時間 t_2 = L/cの間、宇宙船は曲がった空間と独立になり、推力パルスτを受けて推進することになります。

③時間 t_3 を経過して、再度①、②の動作を繰り返します。

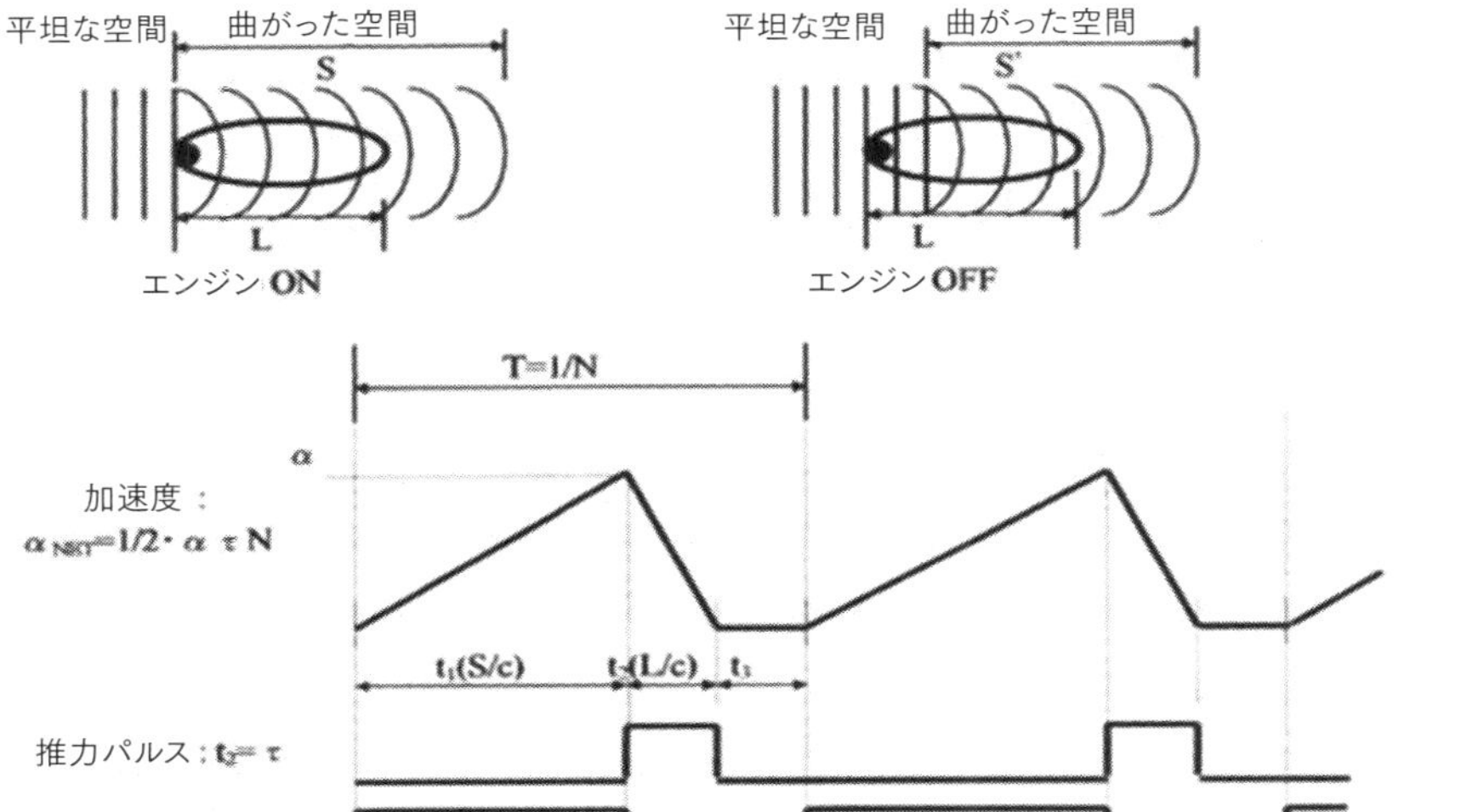

図25　空間駆動推進動作タイムチャート

④1周期 $T = t_1 + t_2 + t_3$ の動作を1秒間にNサイクル（$N = 1/T$）繰り返すパルス推進により連続推力を得ることになります。自動車などのエンジンサイクルと同じです。

フィールド推進であるこの空間駆動推進機構による推力は空間の場の作用によるものであり、宇宙船および宇宙船内部のすべての原子に一様に作用しますので、いかなる加速度の大きさ並びに急激な加速度の変化に対しても自由落下状態と等価であり、乗員に慣性力による衝撃を与えることはありません。

もう少し説明しますと、**空間駆動推進システム**の最大の特徴は、空間駆動の推力が宇宙船を含む周辺の空間領域全体に浸透する体積力（物体の体積要素内部に一様に分布し、体積要素の質量に比例する力で、重力や慣性力も体積力である）であるため、宇宙船内部のすべての原子に一様に作用しますので、いかなる加速度でも自由落下と等価であり、乗員に衝撃を与えないことです。

宇宙船および宇宙船内部の乗員を含む全物質点が同じ力を受け加速されるので（慣性力がない）、飛行特性として空中での静止状態からの全方向への急発進、急停止、直角旋回、V旋回、I旋回などの航法が理論的に可能となります。理論到達速度は、その推進原理から空間の変形速度である光速度近辺（準光速度）となります。

なお、図中の加速度 a は、

$$f = ma = m\sqrt{-g_{00}}\,c^2\Gamma^3_{00} = m\sqrt{-g_{00}}\int_a^b c^2R^{00}(r)\,dr\text{、}\quad R^{00} = \frac{4\pi G}{\mu_0 c^4}\cdot B^2 = 8.2\times10^{-38}B^2$$

（B：磁場；初期の検討）で与えられますが、一般相対論のド・ジッター解を適用することで、潮汐力のない宇宙船内で一定加速度の理想的な加速度場が次式のように得られています（78ページ参照）。

$$\alpha = \frac{2\pi G\lambda}{3c^2}\,\phi_0^4 = 1.6\times10^{-27}\,\lambda\phi_0^4$$

ここで、G：重力定数、c：光速度、λ：ヒッグス場の結合定数（λは未知の定数であり、ゲージ理論からは決定されないが、λ≧1/10と推定されている）、φ0：スカラー場のゼロでない真空期待値を示します。

▼ド・ジッター解適用の空間駆動推進は、初期の空間駆動推進のような強磁場を全く必要としません。一般相対性理論におけるド・ジッター解は、真空である空間自身がエネルギーを内在し、空間を膨張させる宇宙項を含む解です。ド・ジッター解では、空間を曲げるというよりは空間を励起することが原理上重要になります。（図20）

図26では、宇宙船（starship）前部のエンジンにより、宇宙船周辺に空間の励起した状態（Excited Space：ある種のフィールド）を生成し、このフィールドのポテンシャル勾配（場の圧力勾配）により推進することになります。

空間を励起するとは、真空の期待値 ϕ_0 の値を現在の宇宙空間の値から少しシフトし、真空ポテンシャルの値を増加させることを意味します。真空の期待値、ϕ_0 については後述します。

数値試算例として、真空期待値 ϕ_0 が ϕ_0 ＝ 6MeV ＝ 6×10^{-3}GeV の場合、宇宙船の加速度 α ＝ 43.13 m /s^2 ＝ 4.4G が得られることになります。

ここで、磁場を用いた初期の空間駆動推進システムの推進原理を要約しておきます。数式は参考なので無視してください。

（1）前提として、空間は連続体であると

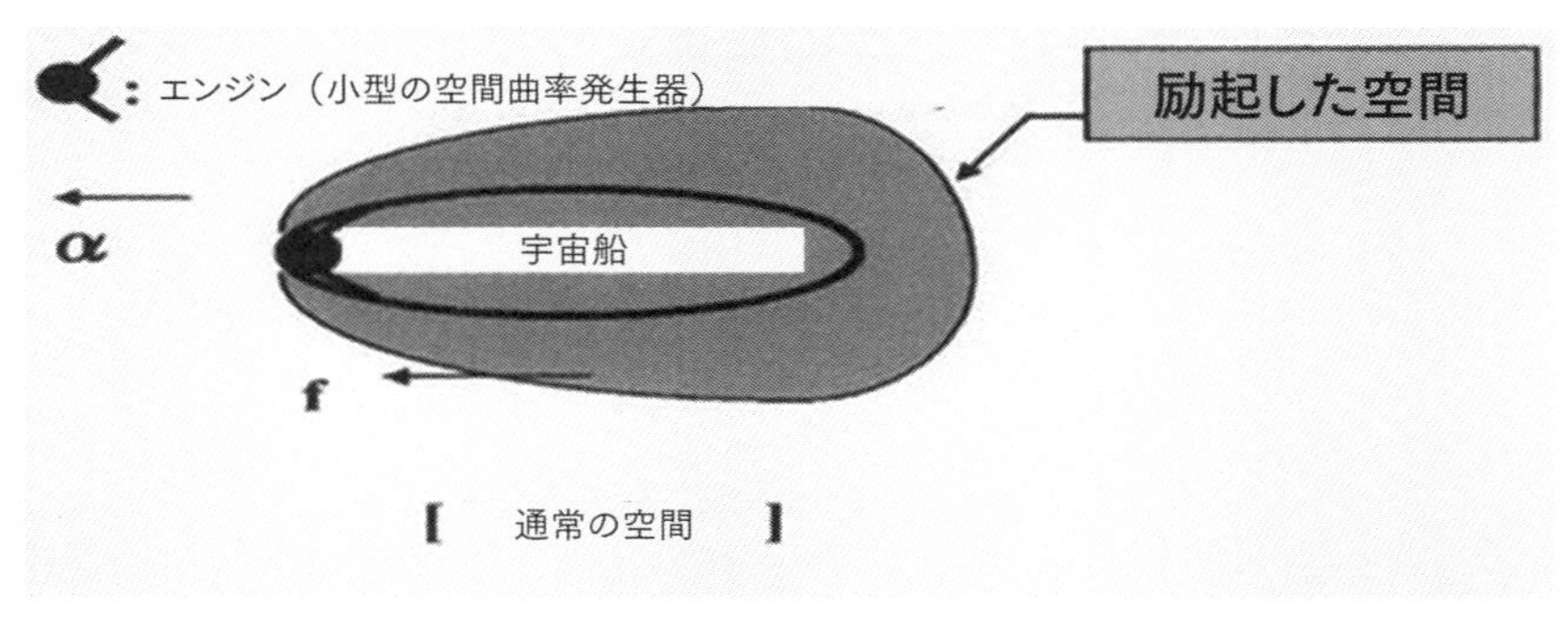

図 26　宇宙船周辺の空間の励起状態

仮定しています。これは真空である空間を、一種の弾性質的な場として連続体力学の対象とすることを意味しています。すなわち、空間は曲がったり、捩れたり、伸びたり、縮んだりするといった変形運動を行ないます。

現代の宇宙論（フリードマン、ド・ジッター、インフレーション宇宙モデルなど）はこの仮定を支援します。これは、空間を例えば無限に続くゴムのような固まりとして捉えることを可能にします。

（2）一般相対性理論の重力場方程式から、空間の曲がり（曲率 R^{00}）は質量（密度）だけでなく、磁場Bでも生成できることが導出できます。

$$R^{00} = \frac{4\pi G}{\mu_0 c^4} \cdot B^2 = 8.2 \times 10^{-38} B^2$$

R^{oo}：空間の主要曲率成分（$1/m^2$）、G：重力定数、μ_0：真空の透磁率、c：光速度、B：磁場（テスラ）。

（3）曲がった空間の薄い層は、曲面の内側に向かう表面力を生成します。多数の曲面の集積により内側に向かう加速度の場が発生します。（図21、図22）

（4）弱い重力場（曲がりの小さい場）、時間的に計量が変化しない、運動速度が光速度に較べて小さいという線形近似の条件から、曲がった空間の曲率と曲がった空間での加速度との関係が導出できます。曲がった空間領域で加速度の場 α^i が生成されます。

$$\alpha^i = \sqrt{-g_{oo}}\, c^2 \int_a^b R^{oo}(x^i)\, dx^i \quad (g_{oo} \fallingdotseq -1)$$

a^i：加速度場、a～b：曲がった空間領域の範囲（m）、x^i：座標成分（i=0,1,2,3）.

（5）．曲がった空間では、加速度場に存在する質量m（kg）の物体は力F^i（N）を受けます。

$$F^i = m\Gamma^i_{jk} \cdot \frac{dx^j}{d\tau} \cdot \frac{dx^k}{d\tau} = m\sqrt{-g_{oo}}\,c^2\Gamma^i_{jk}u^ju^k = m\alpha^i$$

u^j,u^k：4元速度、τ：固有時、Γ^i_{jk}：リーマン接続係数、g_{00}：計量テンソル時間成分。

この式は、（4）の線形近似から次式のように簡略化されます。

$$F^i = m\sqrt{-g_{oo}}\,c^2\Gamma^i_{oo} = m\alpha^i = m\sqrt{-g_{oo}}\,c^2\int_a^b R^{oo}(x^i)\,dx^i$$

リーマン接続係数は曲面の半径方向（r）のi＝3成分のみ存在し、他の成分はゼロとなるので、弱い重力場において上の式はニュートン第2法則による力Fに帰着します。

$$F^3 = F = m\alpha = m\sqrt{-g_{00}}\,c^2\int_a^b R^{00}(r)\,dr = m\sqrt{-g_{00}}\,c^2\Gamma^3_{00}$$

ここで、空間駆動推進システムの推進原理は次のように要約されます。

〈推進原理要約〉

①磁場により空間を曲げる
②曲がった空間領域に加速度の場を生成する
③質量体ｍは加速度の場でニュートン第２法則による推力を受ける

空間駆動推進システムの特徴と評価

加速性能式の評価

空間駆動による加速度場は、重力場方程式のシュヴァルツシルト（Schwarzschild）の外部解に基づいています。曲がった空間における加速度とリーマン接続係数は次式で与えられます。

$$\alpha = \sqrt{-g_{00}c^2\Gamma^3_{00}}\ ,\ \Gamma^3_{00} = \frac{-g_{00,3}}{2g_{33}}$$

ここで、c：光速度、g_{00}，g_{33}：計量テンソルの時間成分と半径方向の成分、$g_{00,3}$：$\partial g_{00}/\partial x^3 = \partial g_{00}/\partial r$.
時空間の座標系 x^i（x^i:i=0,1,2,3）は曲面座標であり、$ct=x^0, r=x^3, \theta=x^1, \phi=x^2$ を示します。

なお、重力場方程式の解は他にライスナー・ノールドストローム解（Reissner-Nordstrom Charged Mass Solution）、カー回転質量解（Kerr Rotating Mass Solution）、ド・ジッター解（de Sitter solution）が適用できますが、質量体の帯電または回転は加速度場の値を減少させますので、空間駆動推進システムは最大加速度を与える非帯電・非回転質量体のシュヴァルツシルトの外部解を基本としています。これらの解は共に質量体の外部周辺の曲がった空間領域での加速度を与えるもので、ラプラス方程式に相当する外部解です。

一方、質量体の内部あるいは静的かつ一様なエネルギー密度を有する球状体の完全流体内部での計量成分から、上の式を使用してポアソン方程式に相当するシュヴァルツシルトの内部解が求められ、シュヴァルツシルトの外部解と解析接続されます。

なお、前述した式から理解されますように推進加速度は積分形式または微分形式により求められますが、一般的には重力場方程式の線素がすでに求められていますので、微分形式を用いたほうが有効です。

このように、重力場方程式のシュヴァルツシルトの外部解による強磁場を用いた推進メカニズムが動作的に理解しやすいかと思います。しかし現在、**ド・ジッターの解**を用いた加速性能式が得られていますので強磁場はまったく必要ありません。

すでに説明しましたが、**空間駆動推進システム**の推進原理は、以下のように要約できます。

最初に空間を曲げることが必要です。空間の主要な曲率 R^{00} は平坦な空間ではゼロです。厳密にいえば、リーマン曲率テンソル R_{pigk} の20個の独立成分が平坦な空間ではゼロとなります。1個でもゼロでない成分があれば、空間は平坦でなく曲がっています。平坦な空間では加速度 α はゼロです。

空間がある範囲で曲がっていることが加速度 α を発生します。地球の周辺の空間は地表から遠くまで同心円状にある範囲の大きさで曲がっていますので、地表のりんごはこの曲がった空間の領域から加速度を得て、落下すると考えられます。このような曲がった空間は、地球のような質量だけでなく、一般相対性理論から電磁場によっても生成されます。

電場エネルギーと磁場エネルギーのいずれが効率よく空間を曲げられるのかと言いますと、電場

Eと磁場Bの値が同じだとすると、電場のエネルギー密度（$1/2 \cdot \varepsilon_0 E^2$）は磁場のエネルギー密度（$B^2/2\mu_0$）に較べて、約17桁小さな値となります。このため電場Eは磁場Bに較べて空間を曲げる作用をほとんど無視できることになります。

したがって、磁場によって空間を曲げることが効果的です。曲がった空間領域は加速度場を生成しますので、加速度場にある物体はニュートン第二法則にしたがって推力を受けて移動します。

空間駆動推進システムの評価考察

ここで**空間駆動推進システム**の運動量保存則、エネルギー保存則や飛行パターンなどの特徴について考察します。

（1）運動量・エネルギー保存則（Momentum and Energy Conservation Law）

問題となるのは、宇宙船が前方に移動するなら、いったい何が後方に移動するのか？　ということです。1章でも説明しましたが、推進方法は運動量推力（反動推力）と圧力推力の2つの原理に分類されます。

運動量保存則に基づく運動量推力（反動推力）は、広く一般に現在の推進システムに適用されます。一方、圧力推力に基づく推進メカニズムは次のように説明されます。宇宙船が壁や地面のような巨大な質量体を蹴って、あるいは押すことにより進むことになります。この場合、壁や地面は逆に外力として宇宙船を押し返します。水泳選手がターン時にプールの壁を押して進むなどのようにです。

またロケットやジェット機でも、推進原理の大半は燃焼ガスを後方に排出することにより進む運動量推力ですが、残り一部は機体エンジンノズル後部の圧力が機体前部の大気圧力よりも大きいために、この前部後部の圧力の差による圧力推力を受けて進みます。

例えば、人は靴で地面を蹴って歩くことができます。人と地面との間の局所的な系では、地面は固定されていて動きません。しかし、人と地面の母体である地球との間の大域的な系では、地球は人の靴に押されて非常にわずかですが後ろに後退しますので、運動量保存則は満たされます。

しかしながら、地球の後退速度はほとんどゼロに等しいので、地球つまり地面は固定されているといえます。歩く人は地球を後方に投げ出すなんてできませんから、運動量保存則を適用することは適切ではありません。

もう一例として、4輪駆動の自動車を考えましょう。4輪駆動の自動車を加速する場合、車輪のタイヤは回転することにより地面を蹴ります（押します、プッシュします）。そして車輪のタイヤは地面から摩擦力を受けます。これらの摩擦力は4輪駆動の自動車の推進力となります。これが地面を押しながら進む4輪駆動の自動車の推進メカニズムとなります。

この地面からの摩擦力は自動車に対しては外力となります。外力が作用する限り運動量保存則は成立しません。しかしながら、自動車と地球とを含む大域的な系では、前述の人の場合と同様に、運動量保存則は成立しています。もし地面が無限に宇宙空間に続いている道路のようなものならば、自動車は常にこの道路を走行し続けるでしょう。

大域的な系として、無限に広がる地面と自動車にあえて運動量保存則を適用する意味はないでしょう。自動車の推進メカニズムは、運動量推力ではなく圧力推力なのです。

さて、**空間駆動推進システム**も、その推進メカニズムは圧力推力なのです。既述の通り、その推進原理は空間が無限の連続体であることに基づいています。空間は流体力学的な媒質よりはむしろ固体力学的媒質で記述される弾性体のようなものと考えています。

宇宙船は空間自身を押すことによって前進する、すなわち空間から押されることによって前進すると解釈できます。この「空間を押すことにより、あるいは空間から押されることにより進む」という表現は、宇宙船が宇宙船を含む周辺に曲がった空間の領域を生成し、この曲がった空間領域で生成される加速度場から推力を受けて推進することを意味します。

自動車が無限に広がる地面を蹴りながら進むように、宇宙船は無限に広がる宇宙空間を蹴りながら(押しながら)進みます。無限の連続体である宇宙空間は、押されることによりごくわずかに変形するかもしれません、ちょうど地球が自動車に押されてごくわずかに後退するように……。

しかし、この宇宙船の押しは空間自身の変形により延々と吸収されることになります。宇宙空間全体は蹴とばす、あるいは押すための地面のようなものと考えられます。

このように、宇宙空間は弾性質的な場のように機能しますので、宇宙船と宇宙船周辺の空間自身とのいわゆる応力が推進原理の鍵となります。宇宙船は空間に対して推進しますので、運動量保存則に従うロケットのアナロジーは適切ではありません。あえて運動量保存則を適用するならば、有望な解釈として、空間自身が宇宙船から後方に排出される反動物質として考えることでしょうか。

次に、運動量保存則をあえて適用した場合を以下に示します。

もし、宇宙空間の領域で物体（宇宙船）がエネルギーと運動量を得るならば、それは物体（宇宙船）の外側、すなわち宇宙船周囲の宇宙空間の場がそれらを失うことを意味します。このような連続方程式は、全域的な物理量保存法則を意味します。

そして、物体（宇宙船）が場（宇宙空間）と相互作用するとき、エネルギーと運動量を全体として保存するためには、場（宇宙空間）自体がエネルギー、運動量、応力を得る必要があります。つまり、場の理論の基本的な概念です。

一般に、エネルギー、運動量保存則は、任意の閉じた面（すなわち宇宙船）で囲まれた内部領域Vとその周囲の場（すなわち宇宙空間）との間の物理量の流れの連続方程式によって記述されます。

$$-\frac{\partial}{\partial t}\int_V u dV = \int_V \nabla s dV + \int_V f v dV$$

ここで、uは領域Vのエネルギー密度、Sは場のエネルギー流束（流れに垂直な単位面積を単位時間に通過するエネルギーの流れ）、fvは領域V内での仕事率を示します。

この式は場の保存則を示します。全運動量同様全エネルギーは不変です。単に場のエネルギーと場の運動量が場の一部から他の別の部分に流れとして移動し、場のエネルギーと場の運動量が、物体の運動エネルギーと物体の運動量に変換されることになります。その逆も同様に起こります。

周知のように相対論では、これらの物理量は次式の連続方程式によって関連づけられています。

$$\frac{\partial}{\partial t}T^{00}+\frac{\partial}{\partial x^i}T^{0i}=0\,,\ \frac{\partial}{\partial t}T^{i0}+\frac{\partial}{\partial x^j}T^{ij}=0\,;\ namely,\quad T^{ij}_{\ \ j}=0$$

ここで、T^{00} はエネルギー密度、T^{0i} はエネルギー流速、T^{i0} は運動量密度、T^{ij} は運動量束です。

この2つの式を**空間駆動推進機構**に適用します。**空間駆動推進**は、空間の連続体としての性質を利用した推進システムであり、宇宙船と宇宙船の外界（すなわち周囲の場）との相互作用が基本概念です。

エネルギー流速 T^{0i} は、運動量密度 T^{i0}（$T^{0i}=T^{i0}$）を運びます。力学には重要な定理があります。つまり、いつでも任意の環境でエネルギーの流れ（場のエネルギー、または何らかの種類のエネルギー）があるときは、単位時間あたり単位面積を流れるエネルギーは、$1/c^2$ を乗算することで空間の単位体積あたりの運動量に等しくなります。

宇宙船のエンジンシステムが動作し、磁束を圧縮して空間的な曲率を生成する過程で、動力源からの磁束を圧縮するためのエネルギーが歪みエネルギーの流速 T^{0i} として流出し、歪みエネルギー密度 T^{00} として周囲の空間に蓄積されます。歪みエネルギーの流速 T^{0i} は歪み運動量束 T^{ij} を伴い、その運動量束は周囲の空間に歪み運動量密度 T^{i0} として蓄積されます。

次に、宇宙船のエンジンシステムの動作を停止し磁束の圧縮を解除しますと、宇宙船周囲の空間に蓄積されている歪みエネルギー密度 T^{00} と歪み運動量密度 T^{i0} が宇宙船の領域に流れ込み、この過程でロスをともないながら、運動エネルギーと運動量に変換されます。

このメカニズムが、エネルギー・運動量保存則の観点からの空間駆動推進（フィールド推進全般）の解釈となります。

（2）宇宙船飛行パターンの性能と特徴

空間駆動推進システムを搭載した宇宙船には、次のような特徴があります。

（a）推力が体積力であるため、慣性力の作用はありません。それらが作り出す体積力は宇宙船内のすべての原子に一様に作用しますので、いかなる大きさの加速度も乗組員に負担をかけません。

（b）大気中でも、静止状態からあらゆる方向への急発進、急停止、直角旋回、ジグザグ旋回などの飛行パターンが可能です。

（c）最終的な最高速度は、光の速度に近い準光速度になります。

（d）宇宙船の周囲の空気も宇宙船と共に加速されますので、宇宙船が大気中を高速度（10-100km/s）で移動しても空力加熱を低減することができます。しかし、プラズマ（イオン化した空気）が宇宙船を包むことが予想されます。

（e）電磁推進エンジンのために、騒音がなく、排気ガスもありません。

（f）エンジンと動力源は宇宙船に設置されているため、宇宙空間だけでなく惑星の大気圏の中も飛行することができます。

（g）エンジンのパルス制御により、加速度は０Ｇから任意の高い加速度（例えば36Ｇ～数１００Ｇ）まで変化させることができます。

（h）エンジンのパルス制御により減速が自在にできますので、宇宙空間から大気圏再突入も容易です。高速度の突入でなく低速度で突入できますので、大気圏突入時の空力加熱で燃え尽きることはありません。

アルクビエールのワープドライブと南のスペースドライブの関係

グレゴリー・L・マトロフ（Gregory L. Matloff）が彼の著書“*DEEP-SPACE PROBES*”（深宇宙探査機）[10]に、次のように述べています。

「……直接的には、重力以外の手段を用いて人為的な特異性を作り出すという提案がある。**ミゲル・アルクビエール**（Miguel Alcubierre）と南善成（Yoshinari Minami）は、地球上で生成される磁場よりも数桁大きい磁場を使ってこれを行なうかもしれないことを独立して示唆した。中性子星の表面での磁場または宇宙真空から明示されるエキゾティックな場の磁場を凌駕する。アルクビエールの宇宙船と南の宇宙船が、曲がった時空の泡によって宇宙空間を介して押されたり引っ張られたりするならば、これらの推進理論はよく似ていると言える。……」。（著者の補足ですが、アルクビエールの論文には磁場の記載はありません。）

さらに、**エドワード・J・ザンピノ**（Edward J. Zampino）（NASA Lewis Research Center）は、主として“Critical Problems for Interstellar Propulsion System”（『星間推進システムの重要な問題』）

と題する論文の中で、エネルギーの観点からそれらの概念を述べています[11]。結論として、両方の推進理論はそれらが一般相対性理論に基づいており、空間の歪みに関するアイデアを使用するという観点からは同一の概念です。

しかし、**アルクビエールのワープドライブ**は、その推進原理が明白ではありません。時空間のメトリック（計量）を局所的に膨張させたり収縮させたりすることにより、時空間の局所的な歪みが推力をどのように作り出すかについてのメカニズムがありません。

アルクビエールのワープドライブは、どちらかというとワームホールを使用しない星間旅行の目的での航法理論の一種です[12]。膨大なエネルギー問題は無視して、遠くの星の空間が宇宙船全体を引っ張って移動させる概念に近いものです。

一方、南のスペースドライブは推進原理が明白です。前節で紹介しましたように、空間の曲率の幾何学的な構造が推力としての実際の力を作り出すという明確なメカニズムがあります。

空間励起による空間駆動推進理論
(Final Phase of Space Drive Propulsion Theory : Acceleration Induced by Cosmological Constant)

最新の宇宙論では、真空のエネルギーと**宇宙項**“Λg^{ij}”は同義語として扱われます。Λ（ラムダ）は**宇宙定数**として知られています。宇宙定数Λを有する宇宙項は、真空エネルギーに関連する応力・エネルギーテンソルと同一です。真空エネルギーの性質、すなわち宇宙項は、宇宙の膨張、すなわちインフレーション宇宙論にとって重要なのです。

ド・ジッター（De Sitter）解による真空エネルギーは、空間の膨張が時間および共動する体積と共に総エネルギーが指数関数的に増加加速するという結果をもたらします。これらの事実は、真空の弾性的性質によるものです。

ゲージ理論によれば、物理的な真空はさまざまな基底状態を持っています。真空は、縮退した最低エネルギー状態に対応する最小値を有していますので、そのいずれかを真空として選択することができます。しかし、いずれかの状態の真空が選択されますと、理論の対称性は自発的に崩壊します。宇宙論にとって特に興味深いのは、今日ではすでに自発的に崩壊した宇宙空間の対称性が、高温状態で、復元されるという理論上の期待です。

さて、宇宙定数を含む重力場方程式の最も一般的な形式は、次式で与えられています。

$$R^{ij}-\frac{1}{2}\cdot g^{ij}R=-\frac{8\pi G}{c^4}T^{ij}+\Lambda g^{ij}$$

ここで、R^{ij}はリッチテンソル、Rはスカラー曲率、Gは重力定数、cは光速、T^{ij}はエネルギー運動量テンソル、Λは宇宙定数です。

この式で、宇宙項Λg^{ij}は、物質のエネルギー運動量テンソルT^{ij}と同等であることが分かります。宇宙項は、真空のエネルギー運動量テンソルと解釈されます。
ここで、ゼロでない真空エネルギー（すなわち、宇宙定数）を有するド・ジッター宇宙モデル（de Sitter cosmological model）に関して、de Sitterの線素は次のようになります。

$$ds^2=-\left(1-\frac{1}{3}\Lambda r^2\right)c^2dt^2+\frac{1}{1-\frac{1}{3}\Lambda r^2}dr^2+r^2\left(d\theta^2+\sin^2\theta d\varphi^2\right)$$

すなわち、計量（メトリック）は次で与えられます。

$$g_{00}=-\left(1-1/3\cdot\Lambda r^2\right),\ g_{11}=g_{22}=1,\ g_{33}=1/\left(1-1/3\cdot\Lambda r^2\right),\ \text{other } g_{ij}=0$$

このメトリックを使用して結論だけ記載しますと、ド・ジッター（De Sitter）解による加速度αは次のようになります。

$$\alpha = \frac{2\pi G\lambda}{3c^2}\phi_0^4 = 1.6\times10^{-27}\lambda\phi_0^4$$

また、真空のポテンシャルV（φ）（真空エネルギー密度：J/m³）は次式で与えられます。

$$V_0(\phi) = \frac{\lambda}{4}\phi_0^4$$

ここで、Gは重力定数、cは光速、λはヒッグスポテンシャルの任意のヒッグス自己結合定数（λは知られておらず、ゲージ理論では決まらない、推定上λ≧1/10）、ϕ_0はヒッグス場の真空期待値です。真空ポテンシャル（真空エネルギー密度:J／m³）V（φ）は、ヒッグス場の真空期待値φによって与えられます。

加速度式のαは**ヒッグス場（すなわち、真空スカラー場）**の真空期待値ϕ_0が一定の加速度場を生成することを示しています。その結果、加速度が一定になること、すなわち宇宙船内部の潮汐力を取り除くことができることがわかります。スカラー場φは、電磁場が荷電粒子から生じるのと同じ方法で、ある物理的な源から生じると考えることができます。その源を持つ場を探索する必要があります。なお、ヒッグス場の真空期待値φは、場の強さ、すなわち場のエネルギーと考えることができます。

ここで、ϕ^0 の役割に特に注意が払われます。ここでは、ϕ^0 のみが自然単位系：NATURAL UNIT（$c=\hbar=k_B=1$）で記述されています。一般に、自然単位系は、素粒子物理学または宇宙論の分野で使用されます。この単位系では基本定数 $\hbar=c=k_B=1$ が使用されますので、唯一の基本的な単位としてエネルギーが GeV で表記されます。すなわち、

[Energy] = [Momentum] = [Mass] = [Temperature] = $[\mathrm{Length}]^{-1}$ = $[\mathrm{Time}]^{-1}$: in GeV.

GeV^4 は SI 単位でのエネルギー密度（J/m^3）を意味し、GeV^3 は数密度（$1/m^3$）を意味します。

次の関係式：$1GeV^3=1.3\times10^{47}m^{-3}$ を用いて自然単位系から SI 単位系に変換できます。現在の宇宙の真空期待値 ϕ^0 は $\phi^0 \sim 10^{-12}GeV$、$\phi_0{}^4=1\times10^{-46}GeV^4$ と言われていますので、真空ポテンシャル V(ϕ) の式と加速度 a の式を $\lambda=1$ に設定しますと、$V_0(\phi)=1/4\cdot\phi_0{}^4=0.5\times10^{-9}J/m^3$,$a=1.6\times10^{-27}\phi_0{}^4=3.3\times10^{-36}$ m/s$^2\approx0$. 当然ながら、現在の宇宙空間によって生成される加速度は、ゼロとなります。

また、詳細は省きますが $\Lambda=\dfrac{8\pi G}{c^4}V_0(\phi)=2.1\times10^{-43}V_0(\phi)$ と $R^{00}=4\Lambda$ から、$\Lambda=2.1\times10^{-43}V_0(\phi)=1.05\times10^{-52}m^{-2}$, $R^{00}=4.2\times10^{-52}m^{-2}\approx0$. となり、現在の宇宙空間は平坦な空間になります。なお、$R^{00}=4.2\times10^{-52}m^{-2}$ の値は、B=7.2×10^{-4}gauss（7.2×10^{-8}Tesla）の磁場を与えます。この磁場の値は、

星間磁場の値、すなわち約10^{-5}ガウスとよく一致します。

仮の試算として、現在の宇宙の真空期待値ϕ_0が励起され、$\phi = 6\times10^{-3}$GeV=6MeV（from ϕ_0 to $\phi = \phi_0 + d\phi = \phi_0 + 6$MeV）になるとしますと$V_0(\phi) = 1/4\cdot\phi_0^4 = 6.7\times10^{27}$J/m^3, $a = 1.6\times10^{-27}\phi_0^4 = 43.13$ m/s^2 =4.4G　となります。

$\Lambda = \frac{8\pi G}{c^4}V_0(\phi) = 2.1\times10^{-43}V_0(\phi)$と$R^{00}=4\Lambda$から、$\Lambda=2.1\times10^{-43}\times V_0(\phi)=1.4\times10^{-15}$m^{-2}, $R^{00}=5.6\times10^{-15}$m^{-2}。$R^{00}=5.6\times10^{-15}$m^{-2}の値は、2.6×10^{11}テスラの磁場に相当します。

空間の相転移（Phase Transition of Space）

空間は膨張と収縮を繰り返す一種の連続体です。連続体としての空間は、ばねのような弾性的な固体相（結晶性弾性）とゴムのような粘弾性的な液体相（ゴム弾性＝エントロピー弾性）の2種類の相を有すると仮定します。弾性的な固体相は現在の宇宙空間に対応し、粘弾性的な液体相はビッグバン後の初期の宇宙空間に対応します。

さらに、空間は何らかのトリガー（空間の励起）によって空間が容易に相転移し、空間の弾性的な固体相が空間の粘弾性的な液体相に急速に変換される、逆もまた同様であると推測します。真空としての空間は今もなお相転移の特性を保持していると考えます。一般に、相転移は対称性の変化を伴います。相転移は、秩序相から無秩序相へ、逆に無秩序相から秩序相へと転移します。

図27は空間の相転移を示します。

宇宙論的な相転移において、スカラー場の真空期待値ϕは、高温時の対称性を有する極小値$\phi = 0$

から、低温時の自発的対称性の破れた極小値 $\phi=\pm\phi_0$ に移されます。したがって、相転移は基本的に自発的対称性の破れに関係しており、上記の現象は空間の基本的な性質であると考えられます。

今、**図27**を参照すると、スカラー場の真空期待値 $\pm\phi_0$ は現在の真の真空（現在の宇宙）を示し、$\phi=0$ は初期の宇宙の準安定状態の偽真空を示しています。

たとえ真空期待値が $\phi=\pm\phi_0$ で小さな真空ポテンシャル値（0.5×10^{-9}J/m^3）があったとしても、量子揺らぎがトリガーによって真空ポテンシャルを $\phi=\pm\phi_0$ から $\phi=0$ の近傍に押し出すことが期待されます。真空のポテンシャル $V(\phi)$（J/m^3）は、真空の期待値 ϕ に対応する真空のエネルギー密度を意味しますので、$V(\phi)$ の値は宇宙項に直接寄与します。ϕ の変化は、$V(\phi)$ の変化を与えます。その結果、スカラー

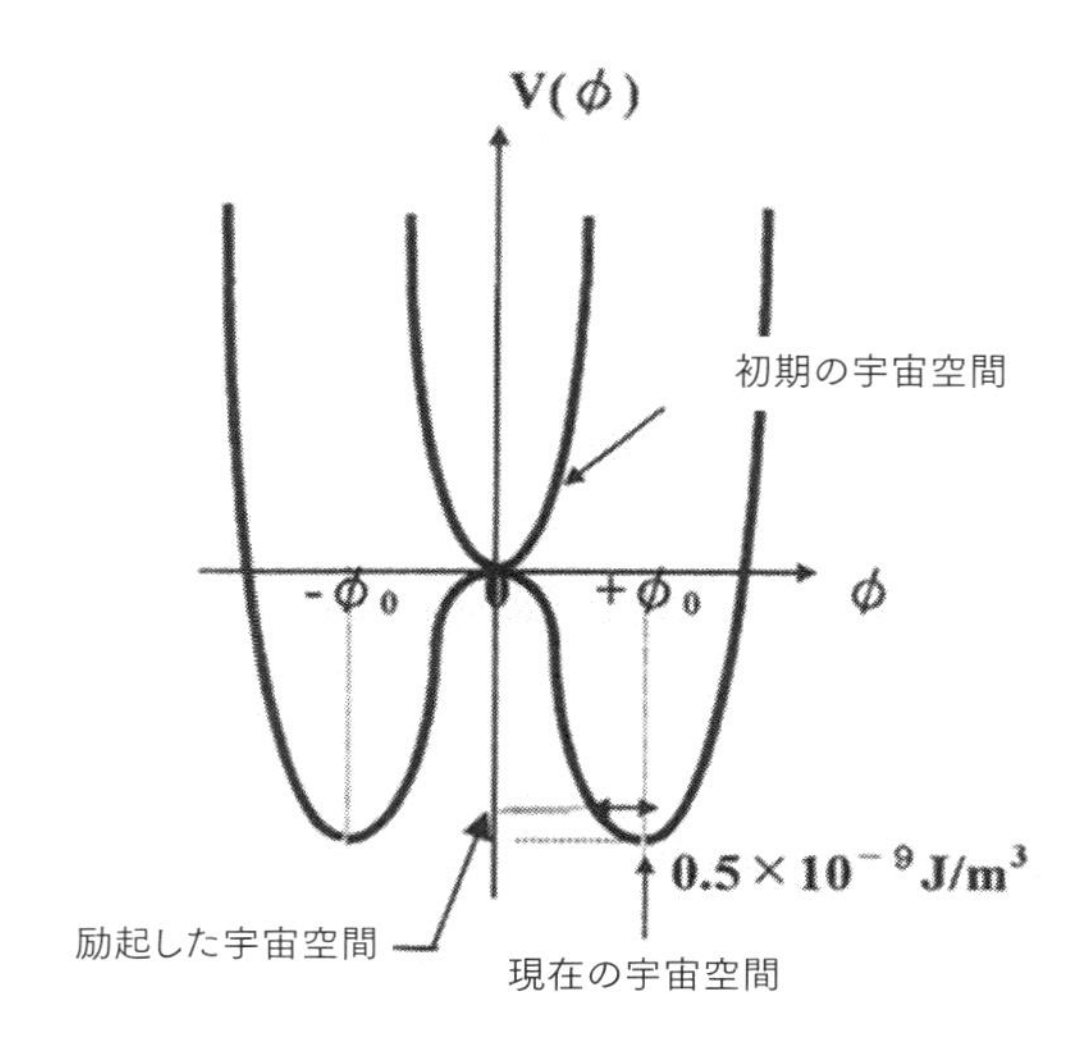

図27　空間の相転移

場ϕの変動（すなわちスカラー場のコヒーレントな微小振動）の制御が宇宙定数Λに影響を与えることになります。

スカラー場の莫大な真空エネルギーは、場内に空間的なコヒーレント振動の形で存在します。**図27**に示しますように、何らかのトリガーによってϕを十分に押し上げる量子揺らぎは、真空エネルギーの大きな擾乱（摂動）を引き起こします。

量子トンネリング、または熱トンネリングのいずれかによって真空ポテンシャルを引き上げることは、大きな真空エネルギーを生成する可能性があります。つまり、何らかのトリガーによって$+\phi_0$を押しあげることで、真空エネルギーの大きな擾乱（摂動）が生じます。したがって、上記メカニズムによって、局所的な空間において大きな宇宙定数を生成することができるかも知れません。ここで、空間の励起とは、真空期待値の値 ϕが現在の値 $\phi=+\phi_0$から少し上に押し上げられることを意味します、それによって真空ポテンシャル $V(\phi)$ はわずかに上昇することになります。

宇宙論から見た空間駆動推進
(Space Drive Propulsion from the Aspect of Cosmology)

前のセクションでは、空間駆動推進システムの推進理論を概説しました。しかし、このセクションでは、最新の宇宙論にもとづいて膨張する空間が推力を生成する可能性を探ります。すなわち、フ

リードマン、ド・ジッター、インフレーション宇宙論モデルの最新の膨張宇宙論を考慮し、宇宙論の観点から新しい推進原理を説明します。なおこのセクションで使用する方程式については、宇宙論の教科書［13・14・15・16・17］を参照してください。

宇宙論における膨張空間（Expanding Space in Cosmology）

インフレーション宇宙は、電弱相互作用のワインバーグ＝サラム（Weinberg-Salam）モデルによって示された真空の相転移に基づいて空間が急速に膨張することを示します。真空は水が氷になるように、氷が水になるように相転移の性質を有しています。

図28を参照すると、ビッグバンの直後、初期宇宙の空間は水のような液体であり、急速な膨張の間、空間は温度を下げることによって氷のように固体になることがひとつの推測としてわかります。これは、真空が物質のような実質的な物理的構造を有することを示し、空間駆動進原理の前提条件と一致します。

一般に、相転移は系の温度が低下すると、自発的対称性の破れを伴います。例えば、「凍結水」として知られている相転移は、温度 T>273K で水は液体の状態です。個々の水分子はランダムに配向しているため、液体の水はどの点についても回転対称性を有しています。換言すれば等方性の状態です。

しかしながら、温度が T ＝ 273K より下に降下すると、水は液体から固体へと相転移し、水の回転対称性または水の分子の幾何学的形状が失われます。水の分子は今や氷として「固体」結晶構造に固定され、氷はもはや任意の方向について回転対称性を持たなくなります。言い換えれば、氷の結晶は非等方性の状態となり、結晶の対称軸は特定の方向を持つことになります[16]。

さて、インフレーション直後のビッグバン以降、**図28**のように宇宙が膨張しているとするならば、宇宙が常に空間的に一様等方であり、かつ距離が時間の関数として膨張可能ならば、時空の計量（メトリック）としてどのような形が考えられるのでしょうか？　彼らが導出したメトリックは、**ロバートソン・ウォーカー（Robertson-Walker）**メトリックと呼ばれます。それは一般的に次の形式で書かれています：

$$ds^2 = -c^2dt^2 + a(t)^2\left(\frac{dr^2}{1-Kr^2} + r^2\left(d\theta^2+\sin^2\theta d\varphi^2\right)\right)$$

ここで、$a(t)$ は距離が時間と共にどのように増減するかを表すスケール係数を示し、それは現在の時間 $a(t_0)=1$ に正規化されています。Kは曲率を示し3つの個別の定数値をとります：宇宙が正の空間曲率を有する場合には$K=1$であり、宇宙が空間的に平坦である場合には$K=0$であり、宇宙が負の空間曲率を有する場合には$K=-1$です。

スケールファクタの値は、ロバートソン・ウォーカーメトリックを次の重力場方程式に代入することによって得られます。

$$R^{ij}-\frac{1}{2}\cdot g^{ij}R=-\frac{8\pi G}{c^4}T^{ij}+\Lambda g^{ij}$$

ここで、R^{ij}はリッチテンソル、Rはスカラー曲率、Gは重力定数、cは光速、T^{ij}はエネルギー運動量テンソル、Λは宇宙定数です。

以下、結論だけ記載しますと、ロバートソン・ウォーカーメトリックをもとに、膨張する宇宙の法則を支配する次のフリードマン方程式が得られます。

$$\frac{\dot{a}(t)^2}{a(t)^2}=\frac{8\pi G}{3c^2}\varepsilon-\frac{c^2K}{a(t)^2}+\frac{1}{3}\Lambda c^2$$

空間的に平坦な宇宙（K=0）と宇宙定数（Λ=0）では、フリードマン方程式は特に単純な形式になります。

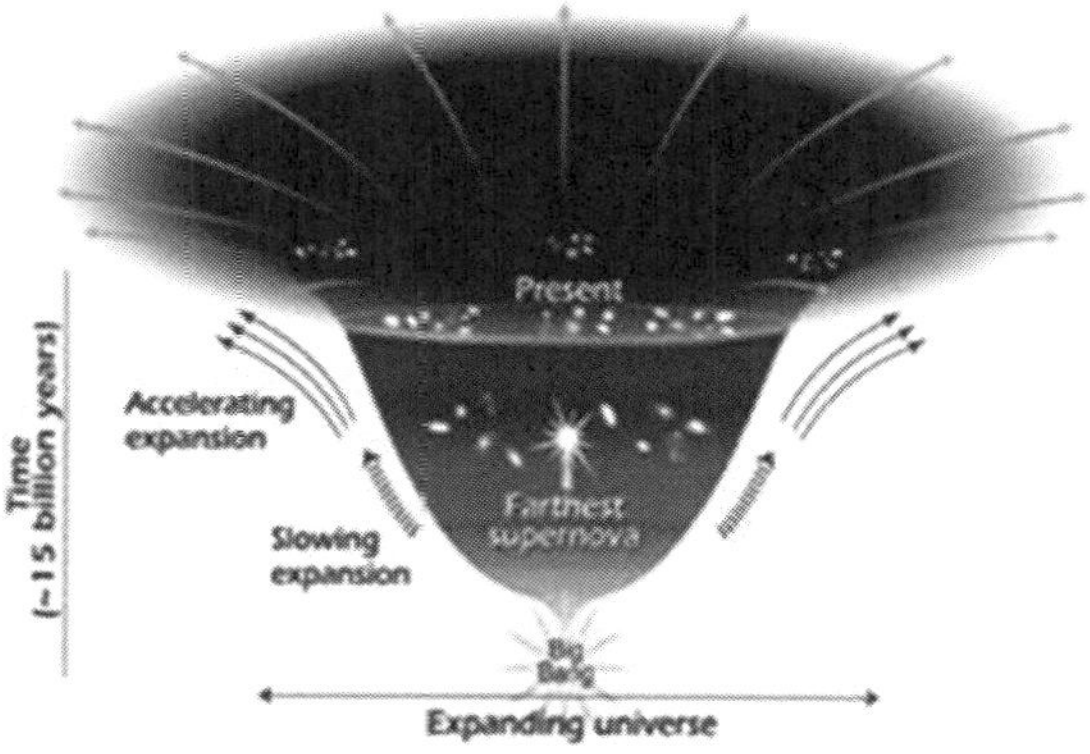

図 28　ビッグバン以降の宇宙の膨張　（引用：Marc G. Millis）.

$$\frac{\dot{\alpha}(t)^2}{\alpha(t)^2} = \frac{8\pi G}{3c^2}\varepsilon$$

スケールファクタの値 は次式となります。

$$\alpha(t) = \alpha_0 exp\left[\left(\frac{8\pi G\varepsilon}{3c^2}\right)^{\frac{1}{2}} t\right] = \alpha_0 exp\sqrt{\frac{\Lambda}{3}}ct$$

この式は、宇宙空間のスケールファクタ α（t）が指数関数的に急速に膨張することを示しています。その原動力は宇宙定数 Λ です。

宇宙定数による空間の圧力場と空間間の反発力

ここでフリードマン方程式と流体方程式、加速度方程式を踏まえ展開しますと、宇宙推進理論に適用できる重要な式が導出されます。結論だけを紹介します。

真空のエネルギー運動量テンソルの一種である宇宙項に関連して、真空空間のエネルギー密度 ε と真空空間の圧力 P は、$\varepsilon_\Lambda + P_\Lambda = 0$ となり、さらに、真空空間のエネルギー密度 ε は、$\varepsilon_\Lambda = c^4\Lambda/8\pi G$ ですので、真空空間の場の圧力 P は、下記になります。

$$P_\Lambda = -\varepsilon_\Lambda = -\frac{c^4\Lambda}{8\pi G}$$

$\Lambda > 0$の場合、上式の真空場の圧力は、負の圧力、すなわち空間からの反発力を示します。宇宙定数Λの存在により真空である空間から圧力を受けることになります。

一例として、Λ=2.1 × 10-^{43} × $V_0(\phi)$ =1.4 × 10-^{15}m-^{2}（corresponding to=：α = 1.6 × 10-^{27} ϕ_0^4=43.13 m/s^2 =4.4G）の値を適用しますと、真空空間の場の圧力Ｐは7 × 10^{27}Pa（7 × 10^{22} atm）と極めて高い圧力になります。

$$P_\Lambda = -\frac{c^4\Lambda}{8\pi G} = 0.68\times10^{28} N/m^2 \approx 7\times10^{27} Pa$$

また、現在の宇宙のΛ=2.1 × 10-^{43} × $V_0(\phi)$ =1.05 × 10-^{52}m-^{2}の値を適用しますと、真空空間の場の圧力Ｐは

$$P_\Lambda = -\frac{c^4\Lambda}{8\pi G} = 0.51\times10^{-9} N/m^2 = 5\times10^{-10} Pa$$

とほとんど圧力はゼロとなります。

さて、**図29**に示しますように、重力場方程式におけるエネルギー運動量テンソルは物質を対象とするので、重力は異なる物質間で生じます。しかしながら、重力場方程式の宇宙項“Λg^{ij}”は、真空空間の間の力、すなわち、１つの真空空間と別の真空空間との間の反発力（斥力）を意味します。

局所的膨張空間による宇宙推進の原理 (Space Propulsion Principle brought about by Locally-Expanded Space)

ここでは前節の結果にもとづいて、局所的に膨張する空間によってもたらされる宇宙推進の原理について考察します。

宇宙船を覆う空間は、後方の膨張する空間の圧力を受けて押されて推進します。空間駆動推進の推進原理は空間を押して推進する、あるいは空間から押されて推進します。この「空間を押して推進する、あるいは空間から押されて推進する」の表現は、厳密には宇宙船が曲がった空間領域を生成し、この曲がった空間領域の加速度場からの推力を受けて前進することを意味します。

これとは対照的に、厳密ではない表現ですが、推進原理の容易なイメージを次のようにつかむことができます。

$$R^{ij} - \frac{1}{2} \cdot g^{ij} R = -\frac{8\pi G}{c^4} T^{ij} + \Lambda g^{ij}$$

重力場方程式でのエネルギー運動量テンソル T^{ij} は物体の質量が対象であり、異なる物体質量（M1&M2）間で引力が生起する。

T^{ij}：質量エネルギー

M1　M2

Attractive force 引力

重力場方程式での宇宙項 Λg^{ij} は異なる真空空間自体が対象であり、ひとつの真空空間（Space 1）と他の真空空間（Space 2）との間で斥力（反発力）が生起する（空間内に含まれる物体質量M1&M2間ではない）。

Λg^{ij}：真空エネルギー

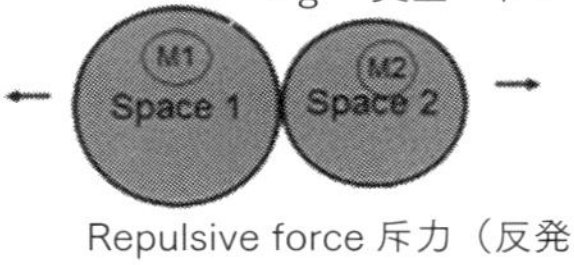

M1 Space 1　M2 Space 2

Repulsive force 斥力（反発力）

膨張する空間が他の空間を押す

図 29　空間間の反発力

宇宙船の後方近傍の空間の圧力が空間の膨張により高くなり、宇宙船はあたかも膨張する風船が物を押すように、膨張する空間から押されて推進することになります。

さて**図30**に示すように、コンピュータ・グラフィックスを使用して宇宙船の動きを詳細に説明します。簡略化のために、宇宙船の形状は全方向性の円盤タイプとします。

図30（a）に示しますように、宇宙船はある方向に膨大なエネルギーを後方の局所空間に注入することができます。このエネルギーは、局所的に空間を励起するために、宇宙船からゼロ運動量で注入されます。

次に、励起された局所空間が瞬間的に急膨張します**図30**（a、b）。宇宙船を含む空間は、膨張した空間から押し出され、前方に進みます**図30**（b）。宇宙船を含む空間は前方に推進します**図30**（c）。

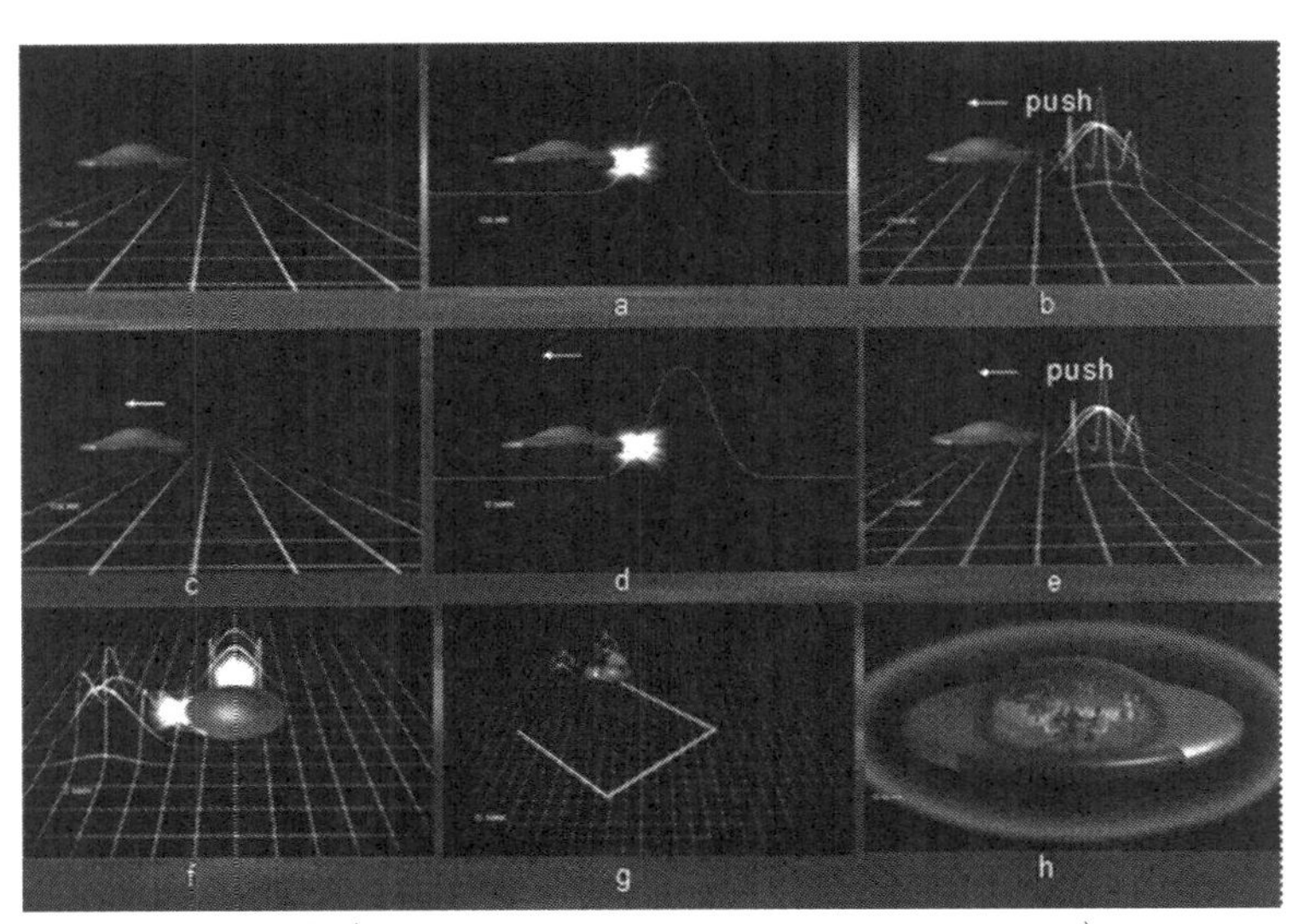

図30　宇宙船の動作（Motion of the spaceship using computer graphics）.

このように、宇宙船は局所空間に膨大な量のエネルギー注入操作をパルス的に繰り返すことによって、準光速度まで加速されます**図30**（d、e）。膨張させる局所空間の場所を変化させることにより、宇宙船は静止状態から全方向への急発進、急停止、直角ターン、ジグザグターンなどの飛行パターンで移動することができます。**図30**（f、g）。推力は体積力であるため、慣性力の作用はありません。

それらが作り出す体積力は宇宙船内のすべての原子に一様に作用しますので、どのような大きさの加速度でも自由落下のように宇宙船内部の乗組員に負担はありません。通常の力であれば電車の急停止、急発進やロケット打上げ時のように加速度のGが大きいと人は潰されますが……。

つまり、宇宙船が宇宙船周りの空間と一緒に移動しますので、宇宙船が非常に激しく飛行しても、自由落下のように宇宙船は移動する空間で静止状態を保持し、乗組員には全く衝撃を与えないのです。**図30**（h）。

さらに、**図31**を参照すると、膨張している空間の描写によれば、宇宙船は、ある方向の局所空間に膨大なエネルギーを注入します。このエネルギーは、局所的な空間を励起するために、全運動量ゼロで注入されます。

そして、励起した局所空間が瞬時に膨張します。宇宙船を含む空間は、膨張した空間から押されて前方に進みます。宇宙船後方近傍の空間である真空場の圧力が空間の膨張により高いため、宇宙船は膨れ上がる風船が物体を押すように（A→B→C）、真空場（空間）から押されて進みます。

我々は、宇宙論、すなわち**フリードマン**、**ド・ジッター**、**インフレーション宇宙論モデル**の最新の

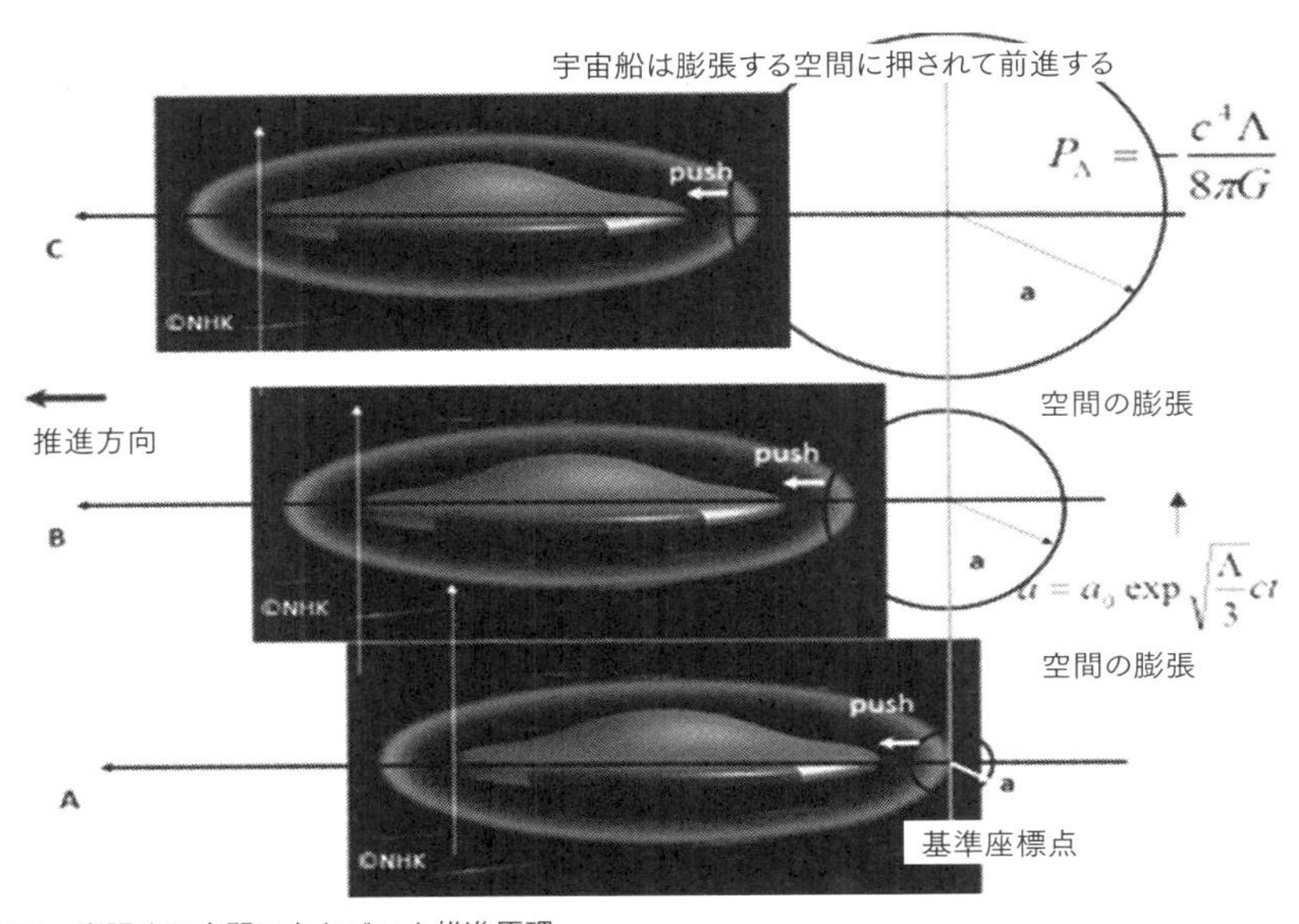

図 31　膨張する空間にもとづいた推進原理

膨張宇宙論を用いて、局所的に急速に膨張する空間が推力を発生させる宇宙推進原理の別の可能性を探求しました。

これにより、宇宙船を含む空間が膨張空間から押し出されて前方に前進するという、厳密ではないが簡単なイメージを得ることができました。最も重要な鍵は、膨張宇宙のメカニズムから推測される空間の構造の研究であると思われます。この結果を実現するためには、真空である空間を励起させ、空間を局所的に膨張させる技術を発見しなければなりません［18・19・20］。

4 天体物理現象を利用した宇宙推進

(Astrophysical Propulsion)

背景

私の友人のポール氏（Paul Murad: Retired Department of Defense：米国国防総省DOD退職）から４００ページの資料が送られてきて、見解を求められました。

資料のタイトルは“*Gravitational Manipulation of Domed Craft; Potter, P. E.*（*2008*）”であり、直訳すると、『**ドーム型宇宙船の重力操作**』ということになります。ポール氏はＳＴＡＩＦ国際会議のセッション座長であり、何回か講演している中で親しくなりました。

資料をざっと一覧して、その中のある図を見て驚きました。**図32**の宇宙船の推進エンジンの形状と配置が、私が英国出願した特許の宇宙船のエンジンの形状と配置に酷似していたからです。英国特許はSpace drive propulsion device, UK Patent GB 2262 844 B Patent published: 16.08.1995. です。

これは出願（1991.12.24）した日本特許第２９３６８５８号（1999.6.11 登録）の内容を１年後（Filing:1992.12.23）に英国に同時出願したものです。日本より早く英国特許としてUK Patent GB2262844B（1995.08.16）として登録されました。空間駆動推進装置（Space drive propulsion device）のエンジンの形状が同じなのに驚いた次第です。

図32は、ボーリングのピンのような形状のエンジンが3基もしくは4基、宇宙船内に設置されています。

次に、英国特許の内容を簡単に紹介します（**図33**）。

UK Patent GB 2262 844 B (Space drive propulsion device)

全体機能がわかる請求項1と2を紹介し、請求項3から請求項6は省略します。

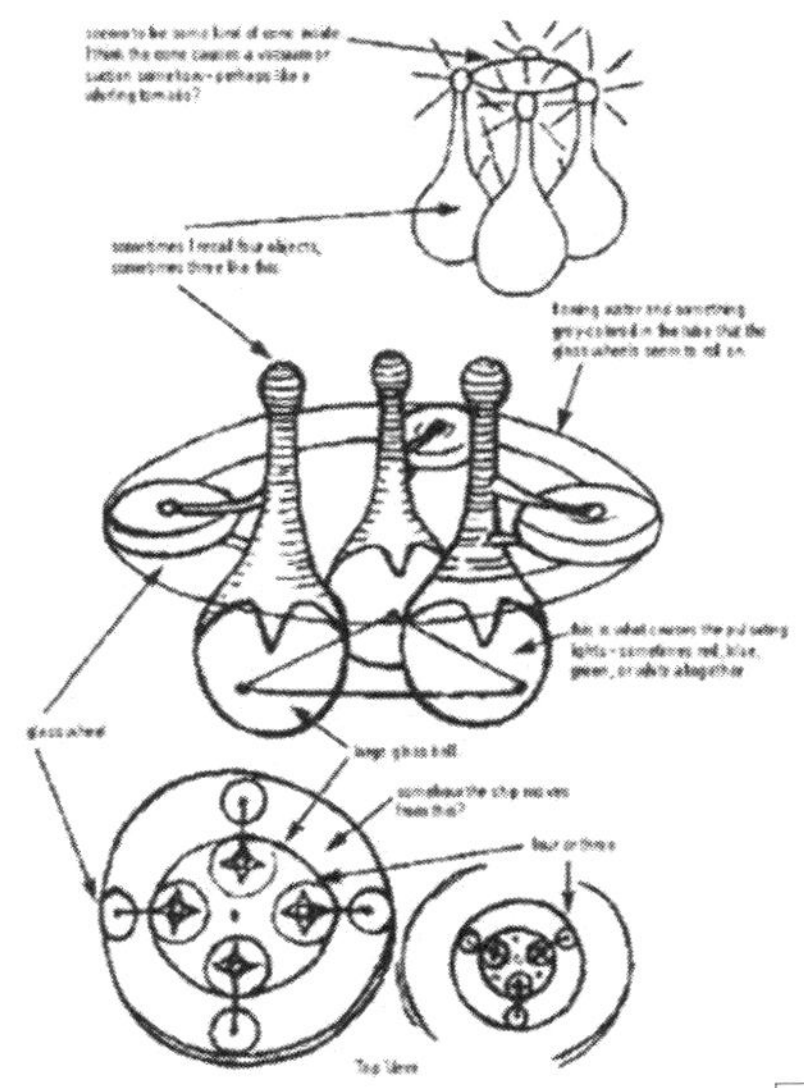

図 32　エンジンの形状と配置
“Gravitational Manipulation of Domed Craft; Potter, P. E. (2008)”.

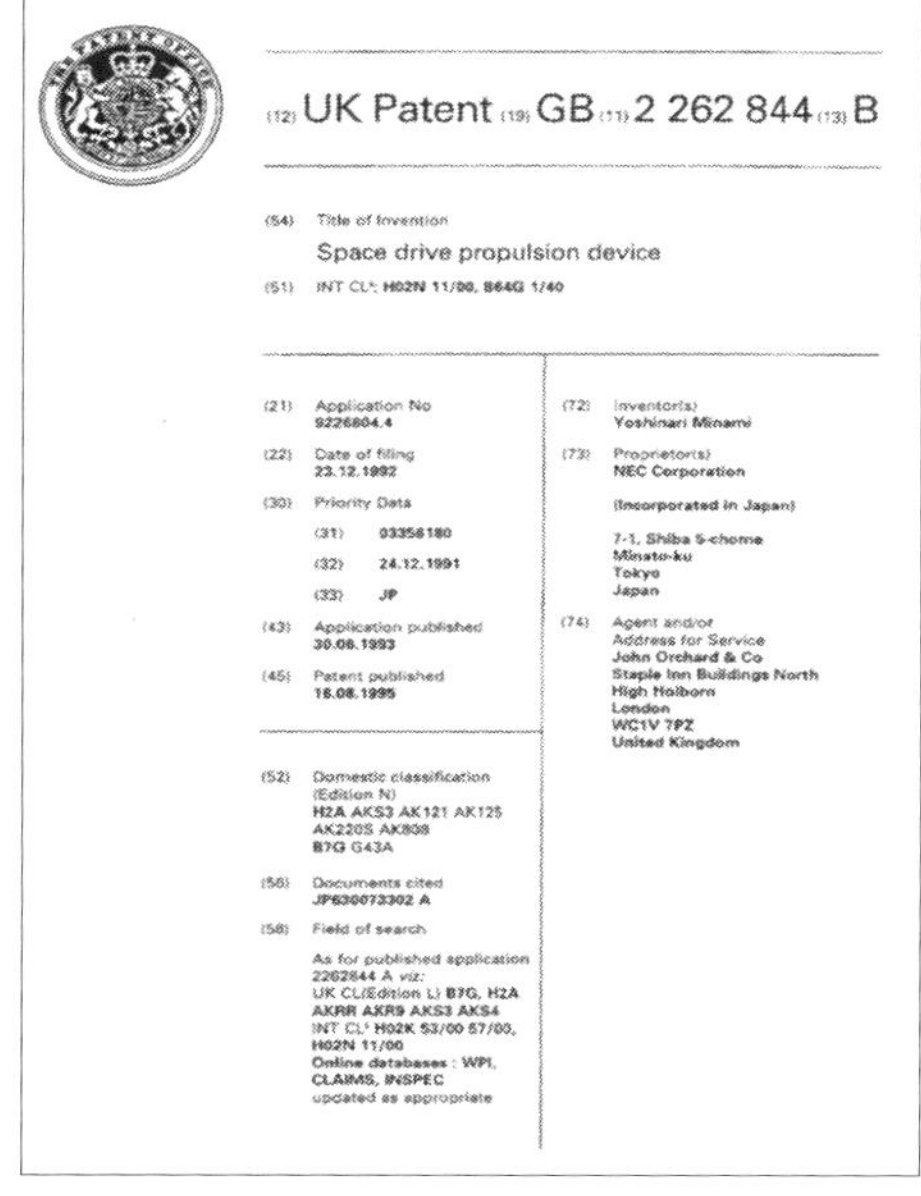

(12) UK Patent (19) GB (11) 2 262 844 (13) B

(54) Title of Invention
Space drive propulsion device

(51) INT CL⁵: H02N 11/00, B64G 1/40

(21) Application No
9226804.4

(22) Date of filing
23.12.1992

(30) Priority Data
(31) 03356180
(32) 24.12.1991
(33) JP

(43) Application published
30.06.1993

(45) Patent published
16.08.1995

(52) Domestic classification
(Edition N)
H2A AKS3 AK121 AK125
AK220S AK808
B7G G43A

(56) Documents cited
JP630073302 A

(58) Field of search
As for published application
2262844 A viz:
UK CL(Edition L) B7G, H2A
AKRR AKR9 AKS3 AKS4
INT CL⁵ H02K 53/00 57/00,
H02N 11/00
Online databases : WPI,
CLAIMS, INSPEC
updated as appropriate

(72) Inventor(s)
Yoshinari Minami

(73) Proprietor(s)
NEC Corporation

(Incorporated in Japan)

7-1, Shiba 5-chome
Minato-ku
Tokyo
Japan

(74) Agent and/or
Address for Service
John Orchard & Co
Staple Inn Buildings North
High Holborn
London
WC1V 7PZ
United Kingdom

図 33　英国特許

請求項（CLAIMS）

請求項1．空間駆動推進装置は、周辺を空間領域によって囲まれた空間内部の装置領域の空間と、前記装置領域の空間は場の曲率成分を有することが可能であり、前記装置は、前記装置領域および前記装置周辺領域に前記場の曲率成分を制御可能なように発生させる磁場を生成するための磁場発生手段と、前記磁場発生手段を制御して前記周辺の空間領域において、実質的に非対称な前記曲率成分を局所的に変化させる場の制御手段とを有する。

請求項2．請求項1において、前記**空間駆動推進装置**が、直交座標系の第1軸から第3軸を規定し、前記磁場発生手段は、前記第1ないし第3の軸に対して所定の関係にある複数の磁場発生エンジンを備え、前記磁場発生エンジンの各々は中空シェル空間を取り囲む超電導材料の球状シェルと、少なくとも制御可能な磁場として、パルス繰り返し周波数を制御しパルス状磁場を発生するために、前記中空シェル空間内に少なくとも1つの制御可能な超電導磁石と、前記磁場発生エンジンの超電導磁石を個別に制御して、前記超電導磁石の少なくとも1つによって生成されるパルス磁場の繰り返し周波数を制御し、前記周辺領域において実質的に非対称に前記曲率成分を局所的に変化させる前記場の制御手段とを含む。

次に、エンジン形状とエンジン配置構成について説明します。

特許に記載のFig.3は宇宙船の平面図を示します。6基の磁場発生エンジン33（1）、33（2）、33（3）、33（4）、33（5）、33（6）は宇宙船外殻構造31に実装されます。各エンジン33は強磁場を発生します。

空間駆動推進システム：フィールド推進の典型例（3章63ページ）で記載しましたように、強力な磁場は空間の曲率を生成します。そしてエンジン周辺の空間の曲率を局所的に変更させます。6基のエンジンは宇宙船の前部33（2）、後部33（5）、左部33（4）、右部33（1）、上部33（6）、下部33（3）に設置されます。このエンジンの配置は宇宙船を全方向に移動させるためです。

特許のFig.17は、球状のエンジン33の代わりにエンジン69の外観を示します。Fig.17（engine 69）で、上部の小さな球体によって生成される空間の曲率は、下部の大きな球体によって生成される空間の曲率より大きくなります。

すなわち、上部の小さな球体によって生成される加速度は下部の大きな球体によって生成される加速度より大きくなります。このエンジンの形状は6基の球状のエンジン（33）の数を4基のエンジン（69）に減らすことができます。

推力のベクトル合成を考慮すると、宇宙船の全方向制御は3基のエンジン69の配置により実行されます。エンジン69の使用により、宇宙船のエンジンの数を4基もしくは3基に減らすことができます（**図32**と同じ）。

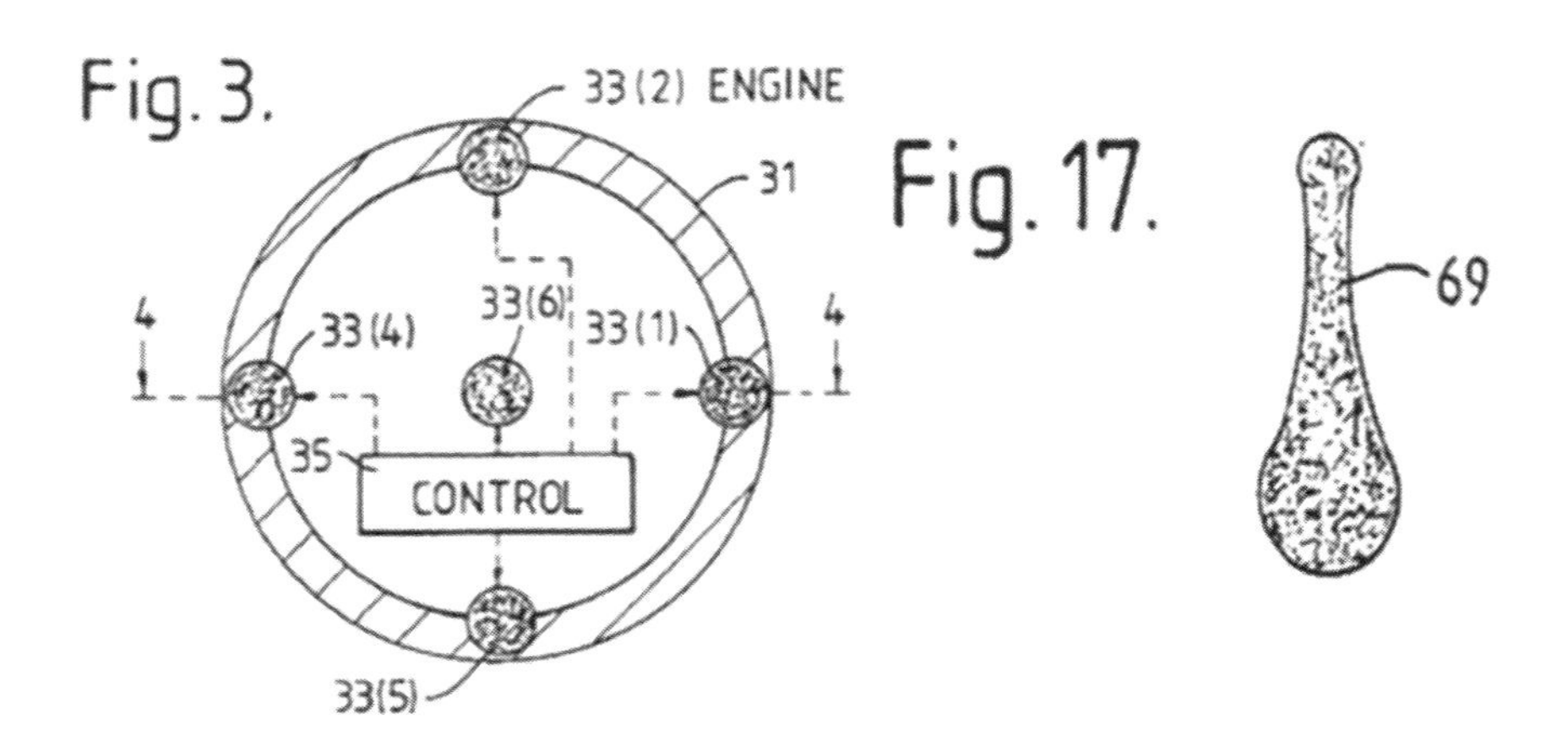
Fig. 3.
33 (2) ENGINE
31
33 (4)
33 (6)
33 (1)
4
4
35
CONTROL
33(5)
Fig. 17.
69

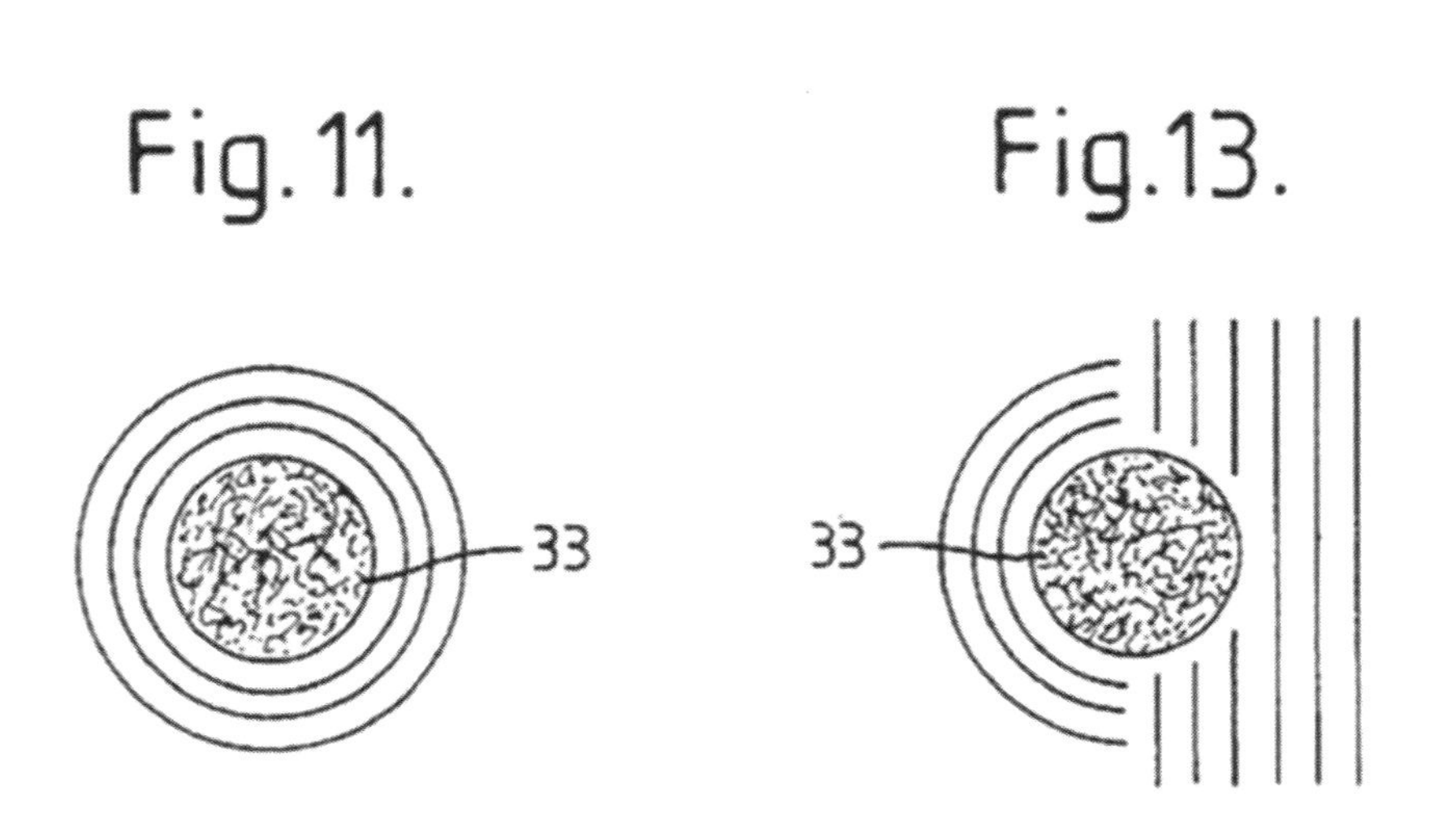
Fig. 11.
33
Fig.13.
33

特許のFig.11はエンジン33の周辺に生成される空間の曲率を示します。空間の曲率は同心円状の球面でエンジン33を取り囲みます。地球周辺の空間の曲率と同じです。

一方向に推進させるためには、同心円状の空間の曲率では駄目で、特許のFig.13に示されるようにエンジン周辺に非対称な空間の曲率状態を生成することが必要です。

特許のFig12は図式的にFig.13の非対称な空間の曲率を生成させるために磁場の配置構造を示しています。概念として理解するために、球体内部右側の領域を磁力線が打ち消し合う構成にしています。

特許のFig.14は磁束凍結による磁場濃縮技術を用いて強磁場を生成する装置の概念を示しています。

Fig.12.

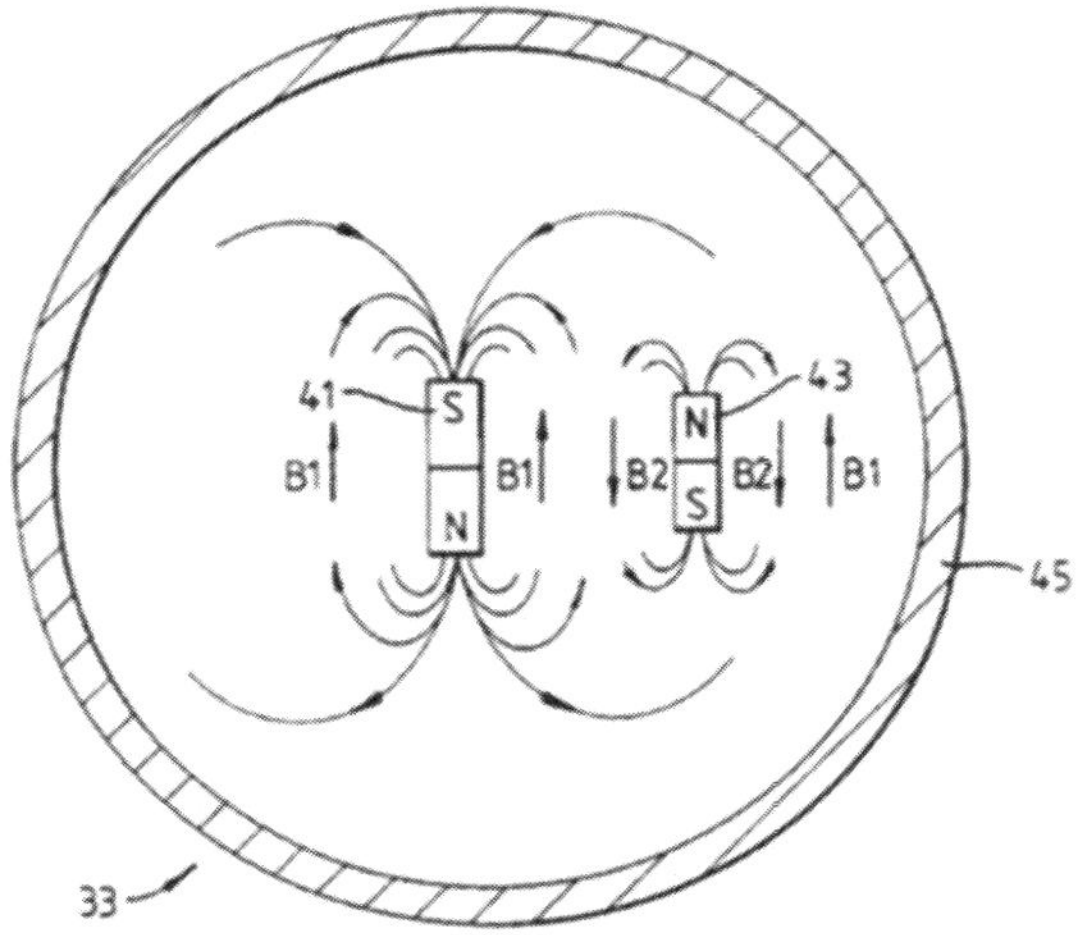

この装置は中性子星のように磁束凍結技術を使用しています。磁束凍結技術は、磁場の中を液体金属のような良電導性の物質が動くとき、あたかも磁束（磁力線）が良電導性の物質に付着して動く現象です。

すなわち、良電導性流体が磁場内で動くとき、磁束（磁力線）が流体に付着して一緒に動こうとする現象です。原理的には、良電導性流体と磁場の間に相対運動があると、電磁誘導により電流が誘導され、この電流と磁場が相互作用して、流体と磁場の相対運動を打ち消そうとします。その結果、流体と磁場は一体となってあたかも磁力線が流体に付着しているかのように運動します。磁場が流体に付着（凍結）しているため、流体の運動により、磁力線が引きずられて変形したり、強められたりします。

良電導性の流体の変形、もしくは圧縮に伴い磁力線も圧縮され、磁場の強度が大きくなります。この現象は化石機構として天体が持つ磁場を説明する仮説として提案されています。

つまり、星間ガスの収縮によって星が誕生するとき、磁力線がガスに凍結していると、ガスの収縮に伴い磁力線が濃縮され、星はポロイダル（トーラス形状〈ドーナツ型〉の垂直断面）型の磁場を持つことになります。中性子星で約5億テスラ程度と試算されており、観測結果と符合しています。

装置内にあらかじめ注入しておいた噴霧状の良電導性液体金属の流体粒子、またはそのまま流し込んだ液体金属に初期磁場を加え、磁束凍結状態にさせます。

その後、磁束凍結した流体粒子、または液体金属の領域に四方周辺からレーザー光を照射します。照射された流体粒子、または液体金属の表面は加熱されプラズマの噴出が始まり、流体粒子または

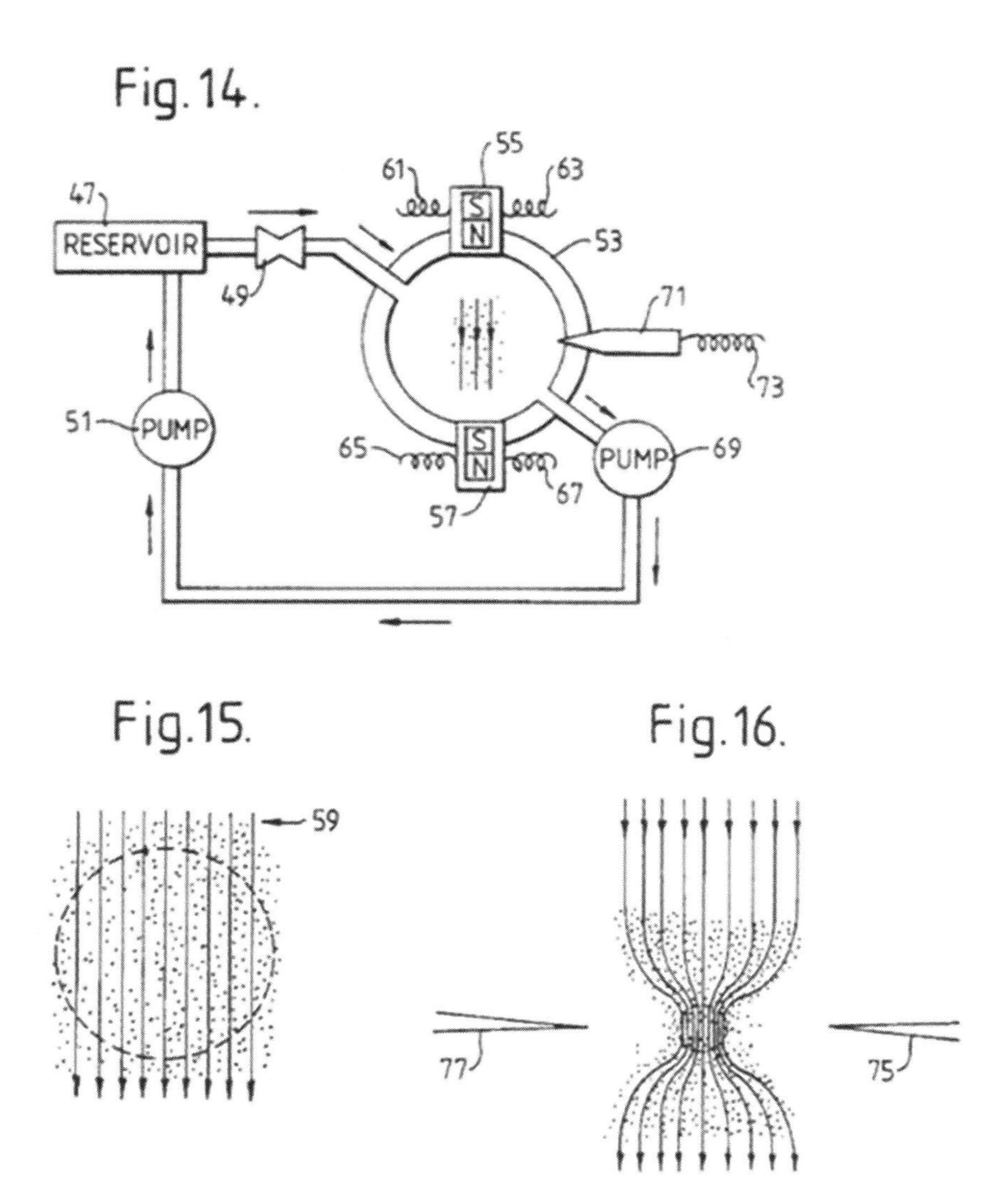
Fig. 14.
RESERVOIR
47
49
PUMP
51
55
61
63
S
N
53
71
73
PUMP
69
65
67
57
Fig.15.
59
Fig.16.
77
75

液体金属はプラズマ噴出の反動を受け中心方向へ圧縮されます。

いわゆる爆縮効果が達成され、レーザー光による光圧力の収縮効果をさらに高める役割を果たします。なお、左右のレーザー光71 強度の制御（例えば、右側強度＞左側強度）により、磁場の非対称な分布が得られますので、この方式によればFig12に示した補助超電導マグネット43を不要にできます。

このように流体粒子または液体金属は、レーザー光の光圧力と高温プラズマガス反動により発生するアブレーション（噴出）圧力により急速に収縮しますので、流体粒子に凍結された磁束も同様に収縮し、磁場濃縮が達成されます。

特許のFig.15 は種磁場59を示します。特許のFig.16 は周辺からレーザービーム（75,77）により照射される液体金属の噴霧状の小さな領域を示します。

『ドーム型宇宙船の重力操作』の本
Book of "Gravitational Manipulation of Domed Craft"

ポール氏から受領した４００ページの資料は、後に"*Gravitational Manipulation of Domed Craft; Potter, P.E.*（*2008*）[21]"『ドーム型宇宙船の重力操作』の本として出版されていることが分かりました。ポール氏は著者Potter, P. E. 氏から４００ページの本の源資料を受領し、それを私に送ってくれたのです。

その資料には**図34**、**図35**、**図36**に示すように宇宙船の内部構造が詳細に示されています。UK Patent GB 2262 844 B（1992）と同様に、強磁場がまたこの資料の宇宙船の重要事項になっています。

しかしながらこの資料では、宇宙船の推進原理がまったく明確に説明されていません。おそらく重力のような推進原理は理解されていないように思えます。

次の節では、この資料に記載されている脅威的なテクノロジーと最新の科学知識について概説したいと思います。

図34、**図35**、**図36**は、この資料に記載されている宇宙船のエンジンと動力源の内部構造を示しています。これらの図を参照すると、3基のエンジンまたは4基のエンジンに囲まれた中央の**ブラック・ボルテックス（black vortex、渦：準ブラックホール）**は、最新の天体物理学にお

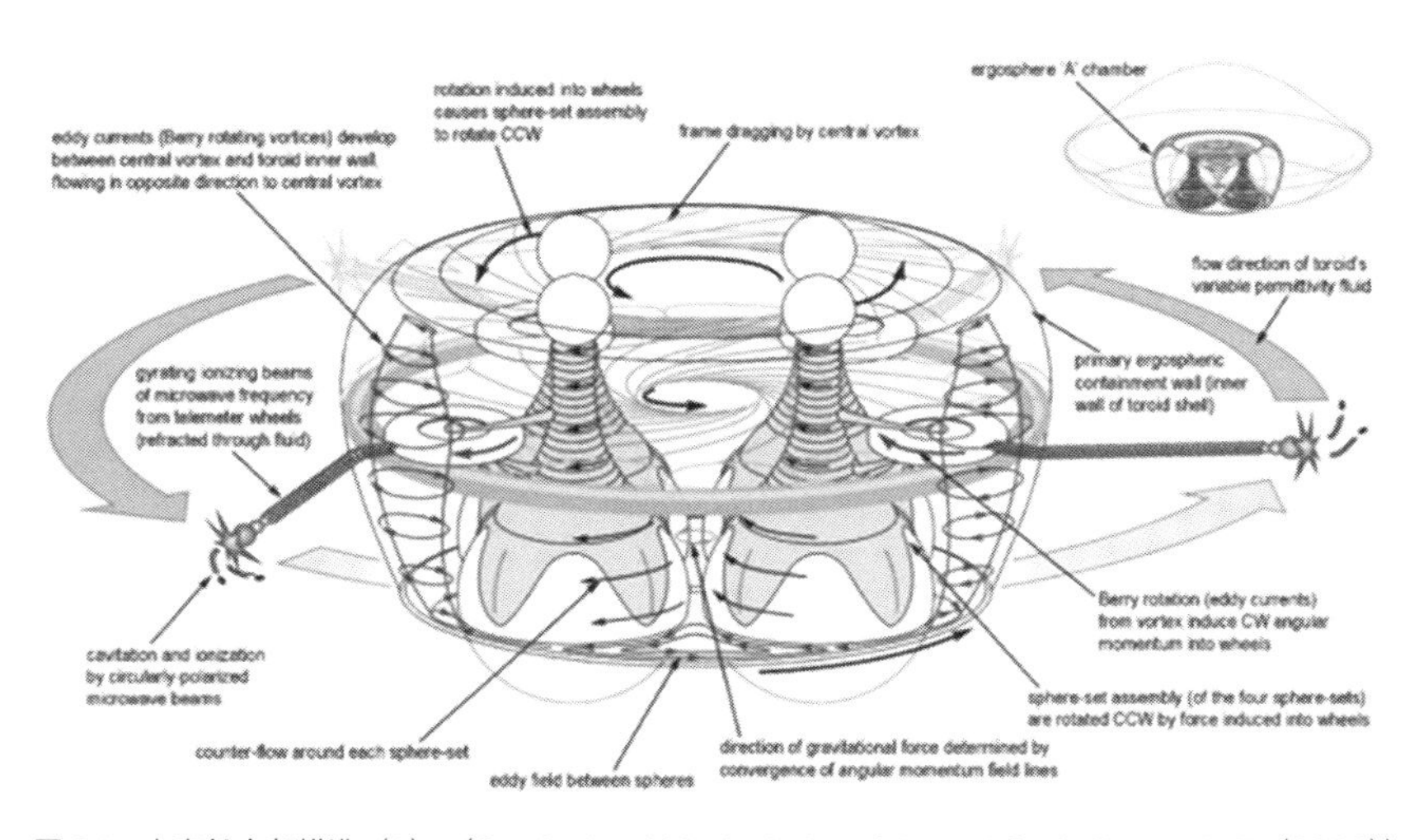

図34　宇宙船内部構造（1）.（Gravitational Manipulation of Domed Craft; Potter, P. E.（2008））

けるブラックホールと降着円盤の原理を利用し、強磁場の生成と動力源としてのパワー生成に重要な役割を果たしていることが理解できます。

これらの図に示された物理的機構と天体物理学を比較しますと、強磁場、エルゴ領域、回転渦、降着円盤の回転に伴う粘性によるせん断場、回転ブラックホールに見られる慣性の引きずり効果、磁力線切断と磁気再結合（磁気リコネクション、磁力線再結合とも呼ばれる）による荷電粒子アバランシェ降伏過程、シンクロトロン放射、磁場のアンカーポイントなどが関連しています。

特に、磁力線切断と磁気再結合の現象は宇宙空間では頻繁に観測されています。いずれにせよ、ブラックホール中心付近の降着円盤による宇宙ジェット生成メカニズムとそのエネルギー生成方法は、新しい推進システムへの適用化の可能性を秘めています。

しかしながら、著者にはこれらの図に示されたいくつかの機能と動作は理解しがたい箇所がありますので、興味のある読者は、オリジナルの本（Gravitational Manipulation of Domed Craft; Potter, P. E.（2008））を参照してください。

図35、図36によれば、宇宙船はエンジン下部球体周辺の真空の**ZPF（ゼロポイント・フィールド）場からエネルギーを収集しています**。宇宙船エンジンの大きな下部球体はそのために金属製外壁の下部のドームの外側に突出するように配置されています。

したがって、これらの下部球体は、周辺の大気（または入射してくる電磁放射）と宇宙船の内部電気回路との間に直接的な相互作用を有するように配置されなければなりません。

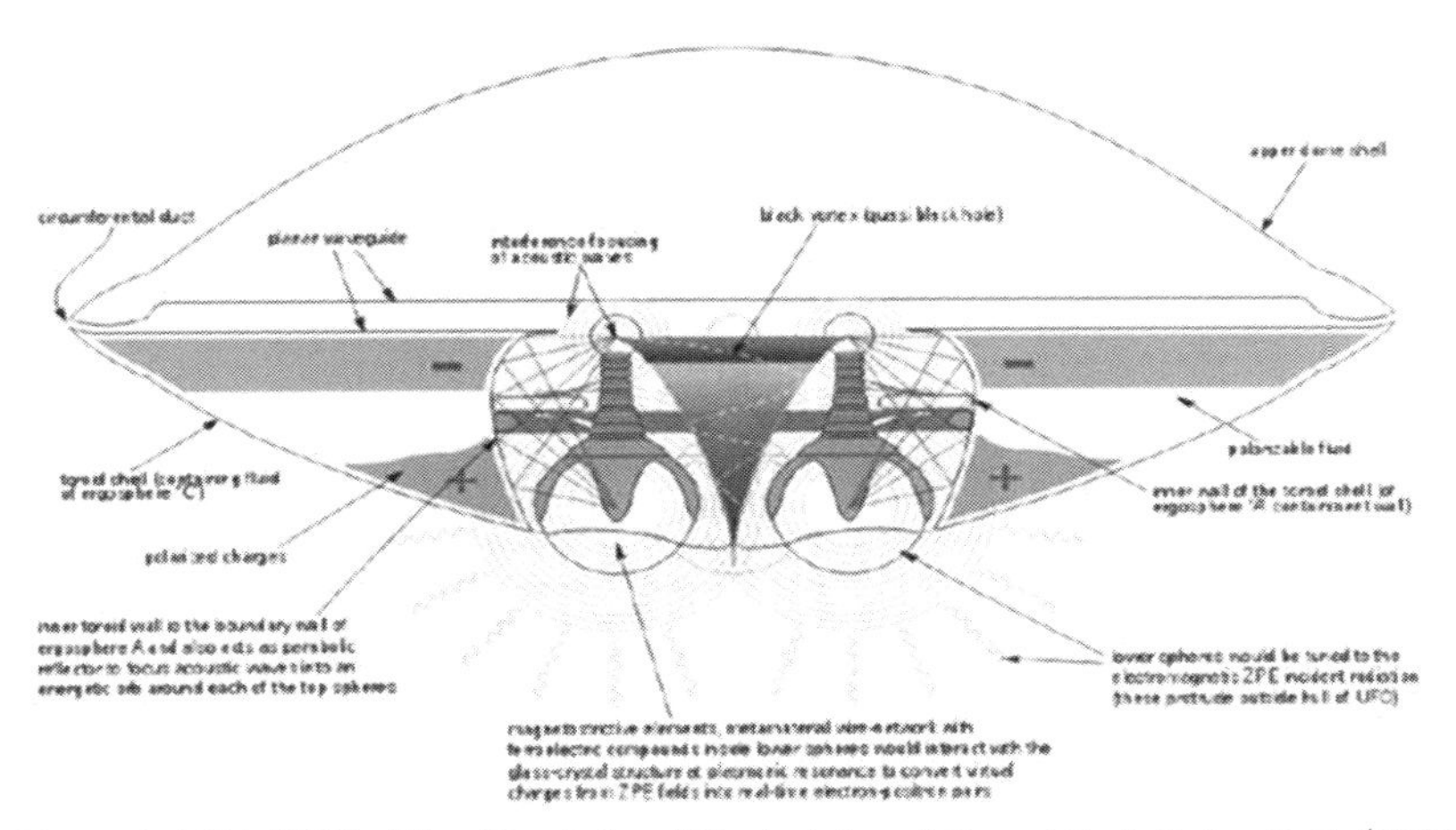

図 35　宇宙船内部構造（2）．(Gravitational Manipulation of Domed Craft; Potter, P. E. (2008))

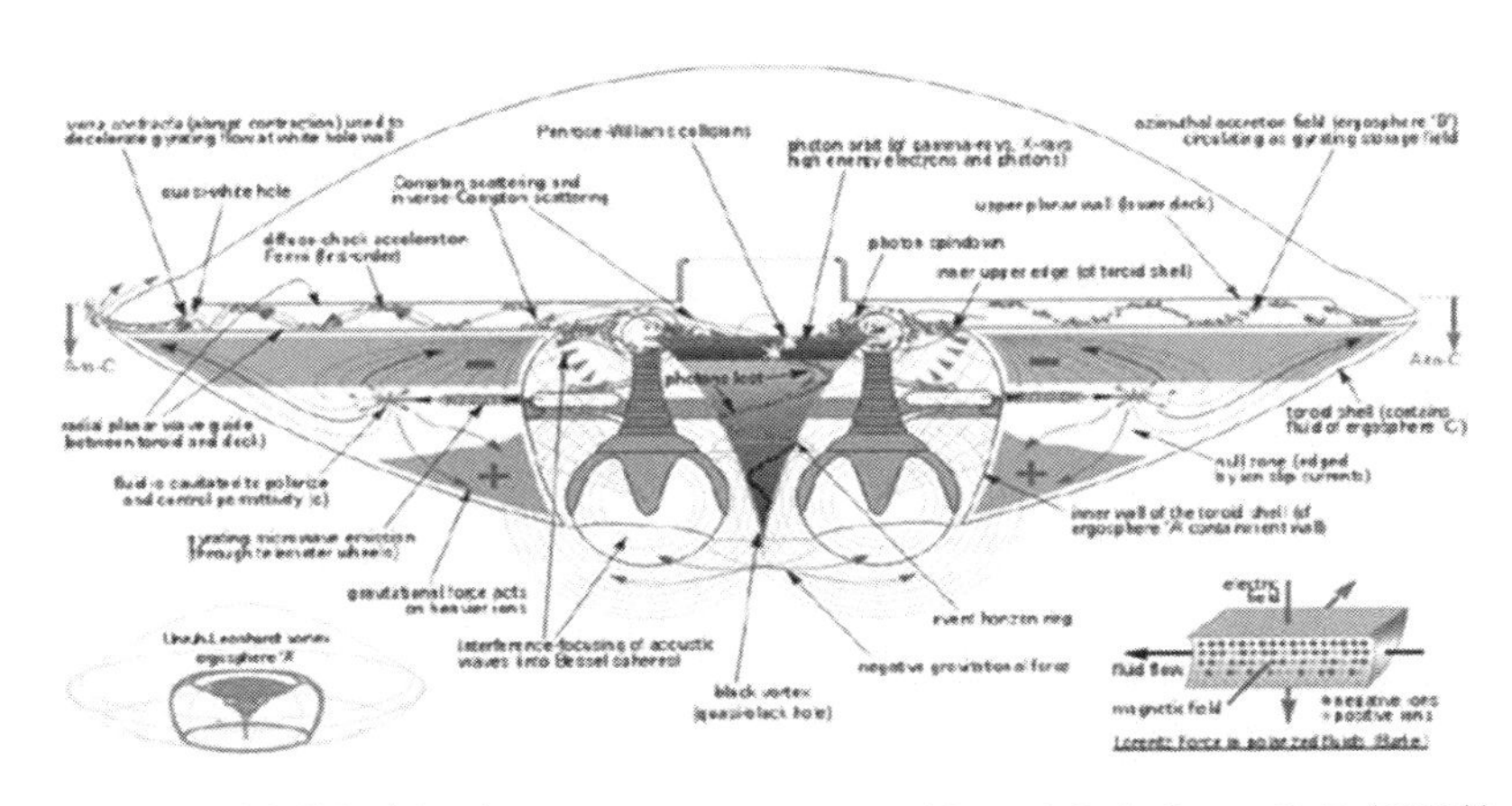

図 36　宇宙船内部構造（3）．(Gravitational Manipulation of Domed Craft; Potter, P. E. (2008))

電荷密度は曲率半径に反比例しますので、より小さな曲率の球体では電荷の強さがより大きくなります。下の球体で集められるか、または変換される電荷の大部分は、より小さい上部球体に移動し集積されます。（小さい上部球体と下部球体は内部接続されている）

上部の球体には、下部の球体によって継続的に荷電粒子が豊富に供給されます。すなわちＺＰＦのエネルギーが外部空間から下部球体と上部球体を通して変換されることになります。

上下の球体が示すエネルギー強度は、膨大な量の荷電粒子によって達成されます。荷電粒子は、宇宙船の動力駆動システムの中心近くの動作機構を介して豊富に存在することになります。

これらのメカニズムは、磁気再結合による電子‐陽電子の生成、真空での仮想エネルギー場による電子‐陽電子の対生成、電子‐陽電子対のアバランシェ生成などによって引き起こされます。

トロイダルシェル（円環状）の外側と内側には2つの流れがあります。

1つは外側のリムに向かって外向きに循環する負の電子の流れ、そしていま1つは球体のエンジンが設置されている宇宙船の中心に向かって、トロイダルシェルの内側のエッジ内部に向かって循環する正イオンです。

この機構は、トロイダル流体（円環状流体）の中、およびその周りにこれらの電荷を発生させ結集させます。そして、これら荷電粒子の旋回場は天体物理的なブラックホールを取り囲む降着円盤と比較することができます。

負の荷電粒子は中央（ブラック・ボルテックス：準ブラックホール）から流れ出し、一方、正の荷電粒子は中央（ブラック・ボルテックス：準ブラックホール）に向かって流れます。

・・

いずれにせよ、パワーソースとしての動力源と推進用の空間曲率生成強磁場の発生手段として極めて有効です。ひとつのテクノロジーで動力源および推進用の空間曲率生成強磁場が発生できるのですから。

ポール氏から受領した400ページの資料はすでに〝*Gravitational Manipulation of Domed Craft; Potter, P.E.*（*2008*）[21]〟の本として出版されていますが、著者の Potter, P. E. 氏がなぜこのような新しいテクノロジーの知識を得ることができたかのかは私には分かりません。

しかし、いくつかの記述は最新の天体物理学の知識と充分に符合しており、さらに未発見の知識やテクノロジーについての記述が見てとれるように感じます。

ただし、いくつかの項目は部分的に誤解があるように思えますし、正しく説明されていませんが、指摘された事項は将来の開発に有効かと思います。

特に、**なぜ重力のような推力が発生し、宇宙船が飛行するのかの宇宙船の推進原理については説明されていません。単に「重力が発生する」などの曖昧な記載で終わっています。**

この宇宙船の推進原理は、第3章で説明した**空間駆動推進（space drive propulsion）**の推進原理を適用することで解決されます。

天体物理現象を用いた空間駆動推進のしくみ
(Astrophysical Space Drive Propulsion)

この節では、3章で説明した空間駆動推進に最新の天体物理現象を適用した有望な宇宙推進原理について紹介します。

本節は現在の最新天体物理学の根拠に基づいています。

宇宙を航行するには膨大なエネルギーが必要

いかなる宇宙推進システム、従来型宇宙推進(化学ロケット、イオンロケットなど)のみならずフィールド推進(空間駆動推進)でも、高加速度により短時間に高速度を達成するためには膨大なエネルギーが要求されます。宇宙推進のような超高速度を短時間に達成するためには、このエネルギーの問題はすべての推進システムに共通の事項です。

一般に、質量Mの宇宙船が速度Vで飛行するには、運動エネルギー $E_K = \frac{1}{2}MV^2$ が必要とされます。たとえば、宇宙船が光速の10%の0.1cで運動するには、質量1kgにつき450 TJ(450 × 10^{12} ジュール)[注1]が必要です。宇宙船の質量100トンで0.1cの速度に到達するためには、4.5 × 10^{17} ジュールのエネルギーを供給しなければなりません。

いかなる宇宙推進システムの動力源も、この膨大なエネルギーを供給しなければなりません。す

郵便はがき

恐縮ですが切手をお貼りください

1 0 1 - 0 0 5 1

東京都千代田区神田神保町3-2
高橋ビル2階

株式会社 ナチュラルスピリット

愛読者カード係 行

フリガナ		性別
お名前		男 ・ 女

年齢	歳	ご職業	
ご住所	〒		
電話			
FAX			
E-mail			
お買上書店	都道府県	市区郡	書店

ご愛読者カード

ご購読ありがとうございました。このカードは今後の参考にさせていただきたいと思いますので、アンケートにご記入のうえ、お送りくださいますようお願いいたします。

小社では、メールマガジン「ナチュラルスピリット通信」(無料)を発行しています。
ご登録は、小社ホームページよりお願いします。**http://www.naturalspirit.co.jp/**
最新の情報を配信しておりますので、ぜひご利用下さい。

●お買い上げいただいた本のタイトル

●この本をどこでお知りになりましたか。

1. 書店で見て
2. 知人の紹介
3. 新聞・雑誌広告で見て
4. DM
5. その他（　　　　　　　　　　　　　　　　　　）

●ご購読の動機

●この本をお読みになってのご感想をお聞かせください。

●今後どのような本の出版を希望されますか？

購入申込書

本と郵便振替用紙をお送りしますので到着しだいお振込みください（送料をご負担いただきます）

書　籍　名	冊数
	冊
	冊

●弊社からのDMを送らせていただく場合がありますがよろしいでしょうか？

□はい　　□いいえ

なわち、動力源は、加速時間あるいは減速時間をｔ秒、動力源の発生パワーをＰワットとして、$E = Pt$を発生する能力が要求されます。フィールド推進の動力源は、許容されうる革新的な新技術を適用しなければなりません。

恒星間旅行の場合、主要な課題はひとつの言葉に集約されます、それは「**時間**」です。いかに短時間で光年単位の距離を航行できるかです。それゆえ、準光速以下の超高速度が要求されます。結果として、膨大なエネルギーが要求されることになります。

特に、フィールド推進システムの場合、高加速度、超高速度の性能に基づき膨大なエネルギー源が必要になります。フィールド推進システムの最大速度は推進理論的に光速近傍の準光速度となります。

では、どうやってそのような膨大なエネルギーを生成できるのでしょうか？　本書では具体的なフィールド推進のエネルギー源には言及していませんが、ここでは恒星間旅行、銀河系旅行に対しての新しいエネルギー源の方法について簡潔に紹介します。

陽子・反陽子消滅反応炉による液体金属ＭＨＤ発電システム

著者は、陽子・反陽子消滅反応炉による液体金属ＭＨＤ（Magneto Hydro Dynamics）発電システムをＪＳＵＰ宇宙環境利用研究会で提案しました[22・23]。**図37**はブロック図を示します。

注１：ジュールは標準重力加速度の下でおよそ 102.0 グラムの物体を １ メートル持ち上げる時の仕事に相当する

これは陽子と反陽子が衝突して消滅するときに大量の熱エネルギーを発生しますので、その熱を現在の原子力発電所の核分裂反応と同様に利用し、ＭＨＤ発電により電力を生成する装置です。陽子は水素ガスの放電で簡単に大量に生成できます。反陽子は欧米や日本でも高エネルギー研究所で加速器での陽子と陽子の衝突反応や重陽子（デュートロン）と陽子の衝突反応で生成されていますが、生成できる量は極微量でかつ反陽子を保管貯蔵することが困難です。対消滅による発生エネルギーは核分裂反応の約１０００倍、核融合反応の約２００倍のエネルギーが生成されます。4.9TW（49億kW）の電力を1秒間持続するのに必要な反物質の量は27mgと試算されます。一つの動力源の候補かもしれません。

陽子および反陽子を貯蔵した2つのストレージリングが対向し、それぞれからのビーム管が中央の球状の炉心に向けて構成されています。炉心のまわりには高密度の金属体とブランケットが覆い、さらにそのまわりを遮蔽体が覆います。

ブランケットは液体金属としての液体ナトリウムNaとその容器から出来ています。金属体とブランケットは、消滅反応により生じるガンマ（γ）量子を吸収することにより、熱を発生します。発生熱量は、陽子―反陽子源の流量を外部電場により制御することで行ないます。

液体金属を陽子―反陽子反応炉で加熱し、高温高圧の蒸気にして混合室に送り、そこへ液体金属を注入して、気液二相流としてノズルから高速噴流として吹き出させます。

高速噴流は次の気液分離器で蒸気と液体に分離して、液体金属のみＭＨＤ発電通路を通過させて発電に用います。ＭＨＤ発電機からの液体金属はポンプで高温熱源（反応炉）のブランケットに再び送られて、これまでの動作を繰り返します。

一方、気液分離器で取り出された蒸気は熱交換器を通して熱を奪われ、凝縮器で液体金属になります。この液体金属をポンプで熱交換器に送り込み、高温の液体金属にして混合室に注入し、これまでの動作を繰り返します。

液体金属として液体ナトリウムを採用しています。その理由は、液体ナトリウムが高い熱伝導度をもち、優れた熱伝達率が得られますので、炉心からの熱を効率よく運ぶ優れた熱媒体であること、熱容量が大きく熱を蓄える能力が大きいこと、比重が0.928と軽く駆動しやすいのでポンプ動力が少なくて済むことなどの特徴によ

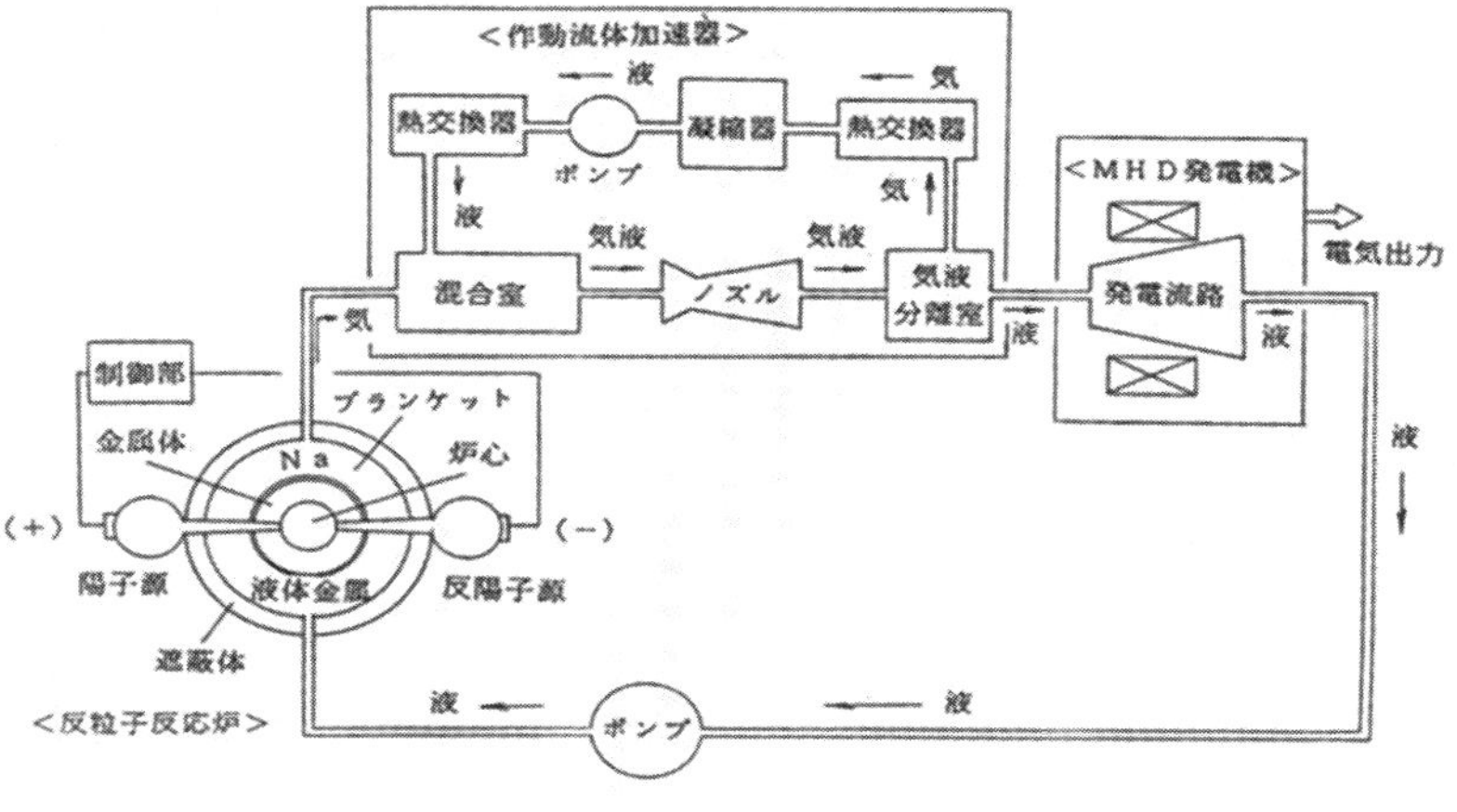

図 37　陽子・反陽子消滅反応炉による液体金属 MHD 発電

り、原子炉の捏伝導材、つまり冷却材としてすでに充分な使用実績があるためです。

さらに高い導電率をもった電磁流体であること、融点97.8℃、沸点878℃と比較的低く、液体金属ＭＨＤ発電に最適と判断したためです。

詳細は、『平成３年度ＪＳＵＰ宇宙環境利用研究会報告書―機能性新素材研究会―』[22]、またはその英文報告書 "*Prometheus in Space: Survey Report of Research Committee on Functional New Material*"(*JSUP, 1993*)："*4.4 Production of Antiprotons by Laser Accelerator*"[23]、"*POSSIBILITY OF SPACE DRIVE PROPULSION*"(*IAA-94-IAA.4.1.658*)(*JERUSALEM ISRAEL 1994*)[3]に記載されています。これら英文の論文は"ResearchGate"の著者論文からダウンロードできます。

簡単な試算として、標準状態において水素1㎥は2.7×10^{25}個の水素分子、すなわち5.4×10^{25}個の陽子を含んでいます。陽子と反陽子が1㎥中に同じ数だけ存在していると仮定すると、1eV＝1.6×10^{-19}J、1kWh＝3.6×10^{6}Jですので、1個の陽子と1個の反陽子の消滅反応から800MeVのγ量子が放出されることを考慮して、陽子と反陽子の消滅反応により$5.4 \times 10^{25} \times 800 \times 10^{6} \times 1.6 \times 10^{-19} = 6.9 \times 10^{15}$J/m^{3} = 1.9×10^{9}kWh/m^{3}のエネルギーが得られます。ちなみに、これは２００７年の日本の年間発電電力量1万億キロワット時の約1000分の1のエネルギー量です。

この陽子・反陽子消滅反応炉で得られた熱源を、電磁流体の電磁誘導効果を利用したＭＨＤ発電機に供給します。

反陽子はベバトロンのような加速器を使用して、陽子－陽子（または陽子－重陽子）衝突反応により生成します。世界各国のみならず日本でも生成されていますが、生成される反陽子の量が極端に少ないこと、また反陽子の保存方法が課題です。残留ガスや容器との衝突を避ける反陽子の保存技術と新しい大量の反陽子生成技術の開発が不可欠です。

幸いにして、この宇宙にはまったく異なるエネルギー生成手段があります。すなわち、重力エネルギーの解放が天体物理現象として注目されています。

宇宙でのエネルギー源
(Energy Sources in the Universe)

よく知られていますように、星の主要なエネルギー源は星の中心領域で行なわれている核融合です。しかしながら、歴史的にみて化学反応や重力エネルギー（たとえば水力発電など）もエネルギー源として大事な要素です。

これらのエネルギー変換効率は周知であり、多くの書物に記載されていますが、ここで化学エネルギー、原子力エネルギー、重力エネルギーを質量とエネルギーの関係式（$E = mc^2$）を使用し、エネルギー変換効率の観点から比較してみたいと思います[24・25]。

●化学エネルギー

例えば、1kgの石炭は燃焼して5000－8000 kcalの熱を発生します。また、1kgの灯油は10000 kcalの熱を発生します。これは4.2×10^7Jのエネルギーになります。

この化学反応による変換効率 η_C は左記の値になります。

$$\eta_C \approx 5 \times 10^{-10}\ (4.2 \times 10^7/1 \times (3 \times 10^8)^2).$$

この値は、太陽や恒星のエネルギー源としては非常に小さな変換効率です。

●原子力の核エネルギー

水素核融合反応では4個の水素原子が1個のヘリウム原子に変換されますので、1個の粒子あたりの質量欠損は～ 0.029/4 ≒ 7 × 10^{-3} です。水素核融合反応による変換効率 η_N は左記の値になります。

$$\eta_N \approx 0.007$$

この変換効率は太陽エネルギーに対しては充分です。普通の恒星を考える場合には、核融合は最良のエネルギー源です。しかしながら、中性子星やブラックホールの天体に対しては充分ではありません。

●重力エネルギー

質量Mの星から距離Rに位置する質量mの物質の重力エネルギー GMm/R を、物質の静止エネルギー mc^2 で割ると重力エネルギーの効率が計算できます。重力エネルギーの変換効率 η_G は太陽の場合に対して下記の値になります。

$$\eta_G \approx \frac{GM}{Rc^2} \approx 2\times10^{-6}$$

太陽に対しては、太陽エネルギー源としてはあまりにも小さすぎる値です。このように重力エネルギーの変換効率は日常的な世界では非常に小さいのです。しかしながら、中性子星やブラックホールのようなコンパクトな天体に対しては、この重力エネルギーの変換効率は急激に増加します。

例えば、中性子星の場合、質量Mを太陽の質量程度として、中性子星の半径Rを10㎞としますと、変換効率は$\eta_G \sim 0.15$となります。中性子星周辺の降着円盤のガスは、中性子星の質量の15％の重力エネルギーを解放することになります。さらに、自転しているカー・ブラックホール（注：自転しているブラックホールのこと）では$\eta_G \sim 0.42$つまり42％にまで増加する試算となります。

重力エネルギーは、変換効率の観点から究極のエネルギー源となります。降着円盤が輝いているのは、一部この重力エネルギーの解放によることが分かっています。降着円盤が輝くメカニズムは星のような核融合反応ではなく、重力エネルギーの解放によるものです。重力エネルギーの解放は、中性子星やブラックホールと降着円盤のプラズマガスが存在する時にのみ機能します。プラズマガスがブラックホールの重力井戸に落下するとき、落下しているプラズマガスから膨大なエネルギーが抽出されます。

降着円盤の回転プラズマガスが、ガスの粘性により角運動量を失い、徐々に内側軌道に落下すると、重力エネルギーはブラックホールの重力勾配の差によって、その落差分だけ重力エネルギーは余ることになります。

余った重力エネルギーの半分はプラズマガスの回転を増加させるために費やされますが、残りの半分は粘性（摩擦）によって降着円盤のプラズマガスを加熱するために使用されます。

最後に、それは光に変換され、放射エネルギーとして降着円盤の表面から放出されます（図38を参照）。周知の通り降着円盤の粘性には2つの重要な役割があります。それは、角運動量の輸送とプラズマガスの加熱です。

次に、解放される重力エネルギーについて具体的に示します。

質量Mのブラックホールの中心から半径rの距離に質量dmの降着円盤のガスの塊が円運動しているとします。このガスの塊の質量dmが粘性で角運動量を失い、半径rから半径r－Δrへポテンシャル井戸に降着（落下）しますと、この降着によりポテンシャルエネルギーEの差dEは次式で表せます。

$$dE = E(r) - E(r - \Delta r) = \left(-\frac{GM}{r} + \frac{GM}{r - \Delta r} \right) dm = \frac{GMdm}{r^2} \Delta r$$

Gは重力定数です。

ポテンシャルエネルギーEの差dEの半分は回転エネルギー（運動エネルギー）Erotationに、一方残りの半分は放射エネルギーEradiateとして放出されます。

$$E_{rotation} = E_{radiate} = \frac{1}{2}\frac{GMdm}{r^2}\Delta r$$

ガス塊の質量dmが半径rから半径r－Δrに降着すると、軌道間遷移により解放された重力エネルギーの半分がガスの回転を増加させるために使用され、残りの半分はガスの粘性摩擦を通して降着円盤のガスを加熱するために使用されます。加熱されたガスは、光に変換され降着円盤表面から発光放射されます。

これが、重力エネルギー解放のメカニズムです。支配的なコンパクト天体の重力、コンパクト天体を取り囲むプラズマガスの回転（角運動量）、降着円盤を支配している回転する隣接ガス間の粘性が重要な要素となります[24・25]。

ここで、降着円盤内のエネルギーの流れについて検討します。

重力エネルギーがいったん電子やイオンの熱

図38　降着円盤からの重力エネルギー解放メカニズム（http://blog.goo.ne.jp/mobarider/m/201507）

エネルギーに変換されますと、それらは最終的に光エネルギーとして解放されます。イオンの熱エネルギーは、イオン電子間のクーロン衝突により電子の熱エネルギーに移動します。イオンとの衝突により熱エネルギーをもらった電子は、再びイオンとクーロン衝突し、エネルギー光子（熱制動放射）を放出し、磁力線と衝突してエネルギー光子（シンクロトロン放射）を放出し、または光子と衝突してエネルギーを失います。（逆コンプトン散乱）

イオンと電子は頻繁に衝突して、熱エネルギーは加熱されたイオンから電子に流れ、イオンと電子は同一温度で熱平衡状態に到達します。そして、電子は光子を放出することで冷却されます。

一般に、ポジトロン（陽電子）は非常に高いエネルギーの天体現象で生成されます。電子が陽電子と衝突すると瞬時に消滅し、エネルギーに変換されます。電子と陽電子が対消滅すると、511 keV でピークをもつスペクトル線（電子－陽電子対消滅線）が生成されます。

このような対消滅線は、太陽フレアから星間空間、中性子星、ブラックホール、活動銀河核まで、宇宙の多くの領域で検出されています。

温度が60億Kの閾値に達する高温プラズマでは、高エネルギー陽子や電子・光子間の衝突によって、容易に電子 - 陽電子対（e^{+} e^{-} 対）が形成されます。ブラックホール周辺では電子 - 陽電子対生成が発生できる高温プラズマが存在していると考えられています。

重要な鍵となる磁力線切断と磁力線再結合による強磁場発生
(Strong Magnetic Field Generation by Magnetic Field Line Break-Reconnection)

天体物理学上、磁場の再結合（磁気リコネクション）は宇宙のあらゆる領域で常に発生しています。それは、太陽の表面や太陽フレアだけでなく、降着円盤の回転の場でも発生しています。よく知られているように、磁場の再結合は大量の電子・陽電子の荷電粒子を生成し、膨大なエネルギーを供給します。磁場再結合は太陽フレアのエネルギー解放メカニズムとして有望と考えられています[26]。

磁力線は、電子回路における導線の役割と類似の役割を果たしています。磁力線が切断されると、電圧ポテンシャル降下がその切断された間に発生します。磁力線が折れている箇所では、その切断された磁力線の全体に沿って存在していた電圧は、その磁力線の折れた端部の間のギャップを横断し続け、電圧ポテンシャルを増加させせようとします。

真空の仮想粒子はその隙間で不安定になり、これらの仮想粒子は実在する荷電粒子へと変換され真空のブレイクダウン（崩壊）が起こります。真空中のブレイクダウンが起こりますと、電子・陽電子対の雪崩現象、つまりアバランシェブレークダウン（雪崩降伏、アバランシェ降伏、アバランシェ崩壊）が空間に発生します。これは、電子などが雪崩（アバランシェ）的に増倍していく現象から名づけられたものです。

空間において、この効果が磁力線切断の周りで起こるときの電圧降下の閾値は、約10^{12}ボルトであると言われています。この粒子生成メカニズムは、太陽の周辺で発見できます。太陽の彩層はこの方法によって連続的に電子と陽電子を生成し、毎秒百万トンの荷電粒子を周りに放出しているのです。

この磁力線の切断と再結合プロセスは、宇宙全体を通して、そしてあらゆる宇宙ジェットが存在する活動銀河核で機能しています。これは、銀河系における荷電粒子の最も効率的な製造方法の1つと考えられています。

降着円盤の周りでは、強力な磁場のせん断再結合によりダイナモ効果が得られ、入来する荷電粒子の小さな電場を急速に増幅させます（種場として）。やがて、それら種場は遥かに大きな電場に成長し、荷電粒子を加速し続け、他の粒子と衝突してより多くの粒子を生成し、そしてより多くの衝突を引き起こします。結果として、その後より多くの電子－陽電子対の雪崩生成につながることになります。

降着円盤内でも発生する衝動的な再結合機構において、これら磁力線の切断と再結合は、強い加熱につながり、その磁力線周りの局所的な領域内で付加された荷電粒子の異常な散逸につながります。その後電子－陽電子対の生成により、これらの荷電粒子は降着円盤にフィードバックされダイナモ効果（磁場生成作用）を完了させます。

また、不安定性がエネルギーに蓄積し、電子速度がイオン音波の速度を超えますと、急速な再結合が起こり、荷電粒子の爆発的な噴出が起こります。いずれにせよ、電子－陽電子の対生成は磁力線の切断と再結合に由来するものです。磁力線の切断と再結合は、何も無い空っぽの真空と呼ばれた空間から大量の電子と陽電子を生成し、さらに増幅することになります。

結局、重要な鍵は磁場の切断と磁場の再結合によるエネルギー生成となります。なぜなら、電子アバランシェ現象による荷電粒子の大量生産とこれに伴う電子‐陽電子の対生成が利用できるからです。

大量の荷電粒子が発生すると大電流が発生し、この大電流から強い磁場を発生させることができます。強磁場は空間駆動推進としての空間曲率生成に不可欠なのです。

最後に、フィールド推進の代表例である空間駆動推進については、当初強磁場によるシュヴァルツシルト外部解による加速性能を示しました。その後、空間の励起によるド・ジッター解の優れた加速性能を示しました。

そして、宇宙論の観点からロバートソン・ウォーカー計量に基づくフリードマン解による局所的空間急速膨張による推進方法を提案しました。今回、本章では新たに天体物理現象に基づく推進方法を提案しました。

天体物理的空間駆動推進（Astrophysical Space Drive Propulsion）は、推進エンジンとその動力源に対して極めて有望な推進方法です。これは空間駆動推進システムの推進原理である空間の曲率生成に必要な強磁場生成と、その生成パワーの動力源が単一のテクノロジーによって同時に解決されるからです。

なお、宇宙船に搭載可能な天体物理的なブラックホールと降着円盤の機能を模擬した動力装置を製造することはできませんが、電磁気的に降着円盤のような機能実現の可能性はあります。プラズマホールの生成実験が報告されており、プラズマが渦を巻きながらスパイラル状に底部の一点に落下します。プラズマは大きな粘性を有しているので多様な渦構造を生成でき、大量の荷電粒子を生成する降着円盤の機能がブラックボルテックスとしてシミュレートできるのではないかと期待しています[38]。

著者は現在、具体的なシステム設計を検討しており、近い将来ジャーナル誌で報告する予定です。

5 銀河系間航法を探る

恒星系探査について

満天に散りばめた無数の輝く星々、夏の夜空は遥か彼方の銀河世界へのロマンチックな想いを誘ってくれます。

地球から18光年以内に63個の恒星が、50光年以内に８１４個の恒星が存在しています。地球から最も近い恒星は、**ケンタウルス座Ｖ６４５星プロキシマ**で、その距離４・３光年です。

シリウスＡ（おおいぬ座アルファ星）が８・７光年で7番目に近い星ですが、一方で、遠距離恒星系の一例としては、おうし座の**プレアデス星団**が４１０光年、白鳥座の**デネブ**が１８００光年の距離に位置しています。

図39は恒星系を、**図40**は太陽系と恒星系の全貌を示しています。人類が到達できたのは唯一地球の衛星の月だけです。無人探査機は別として、人類は海岸近くを進むボートを手にしただけで、巨大な宇宙の大海を自在に進む船舶はまだ手にしていません。

しかし近い将来、太陽系探査を終えた人類の次の目標は星系探査に向かうはずです。

また、**SETIプロジェクト**は地球外知的生命体の存在を前提に今も無線による交信を継続していますが、彼らとの直接のコンタクトは、星と地球との膨大な距離を克服する航法理論と航法技術の欠如のため不可能と言わざるをえません。

星への探査となると、たとえ光速に近い速度が得られたとしても、人類は数十年から数百年を要求される耐えがたい長時間を過ごさなければならないのです。

図 39　恒星系

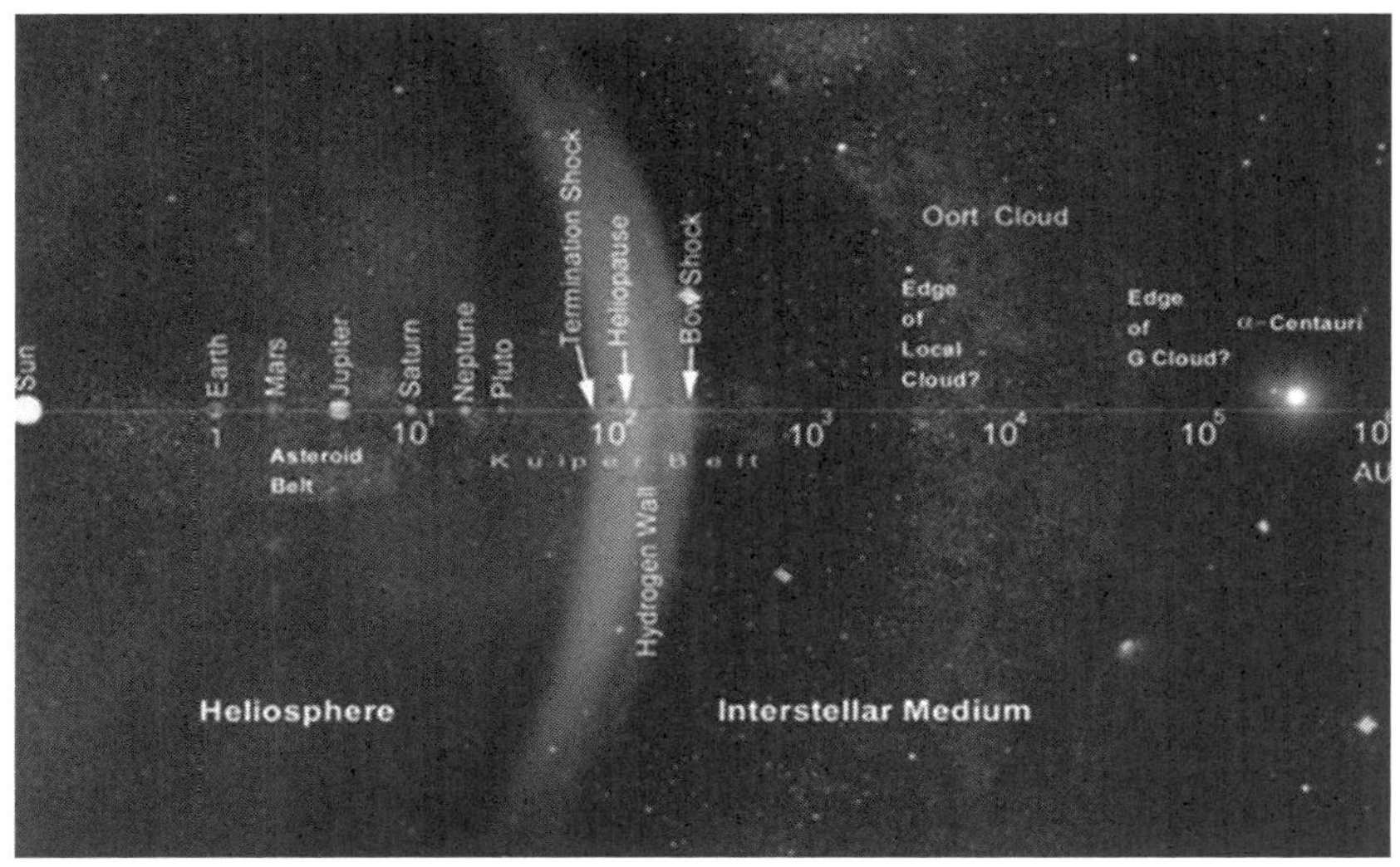

図 40　太陽系と恒星系の概観（出展 : R. Mewaldt & P. Liewer, JPL）.

最近、系外惑星としての**スーパーアース**が発見されています。**図41**は我々の太陽系と比較して20光年離れた恒星系**グリーゼ５８１（Ｇｌｉｅｓｅ ５８１）**の惑星の位置を示しています。**スーパーアース**という用語は、惑星の質量のみを指し、惑星の表面状態や人間の居住性環境については何も意味しません。

しかし、２００７年4月には、太陽から20光年離れた恒星系**グリーゼ５８１**の周辺に、液体の水が表面上に存在する可能性がある２つの新しい**スーパーアース**の発見が発表されています。

系外惑星**グリーゼ５８１**ｃの質量は少なくとも地球の5倍の質量で、**グリーゼ５８１**周辺の居住ゾーンの「暖かい」縁にあり、推定平均気温はマイナス3度です。その姉妹惑星、**グリーゼ５８１**ｄは、実際に星の居住可能ゾーン内にあり、地球の**7・7**倍の質量を持っています。

また、太陽から12光年離れたタウ・セティは、地球型の惑星と言われています。

さらに最近（２０１７年2月23日）、ＮＡＳＡは私たちから39光年離れたところに地球に似た７つの惑星が発見されたと発表しました。これら惑星のうちの３つは、岩石性の惑星が液体の水をもっている可能性が最も高く、居住可能ゾーンにしっかりと位置しています。

これら7つの地球規模の惑星が、**図42**に示すようにＮＡＳＡのスピッツァー宇宙望遠鏡によって発見され、超低温矮星の周りに**ＴＲＡＰＰＩＳＴ－１（トラピスト１）**恒星系が観測されています。

図 41　系外惑星スーパーアース（Gliese581 恒星系と太陽系の比較）〈出展：Wikipedia Gliese 581〉

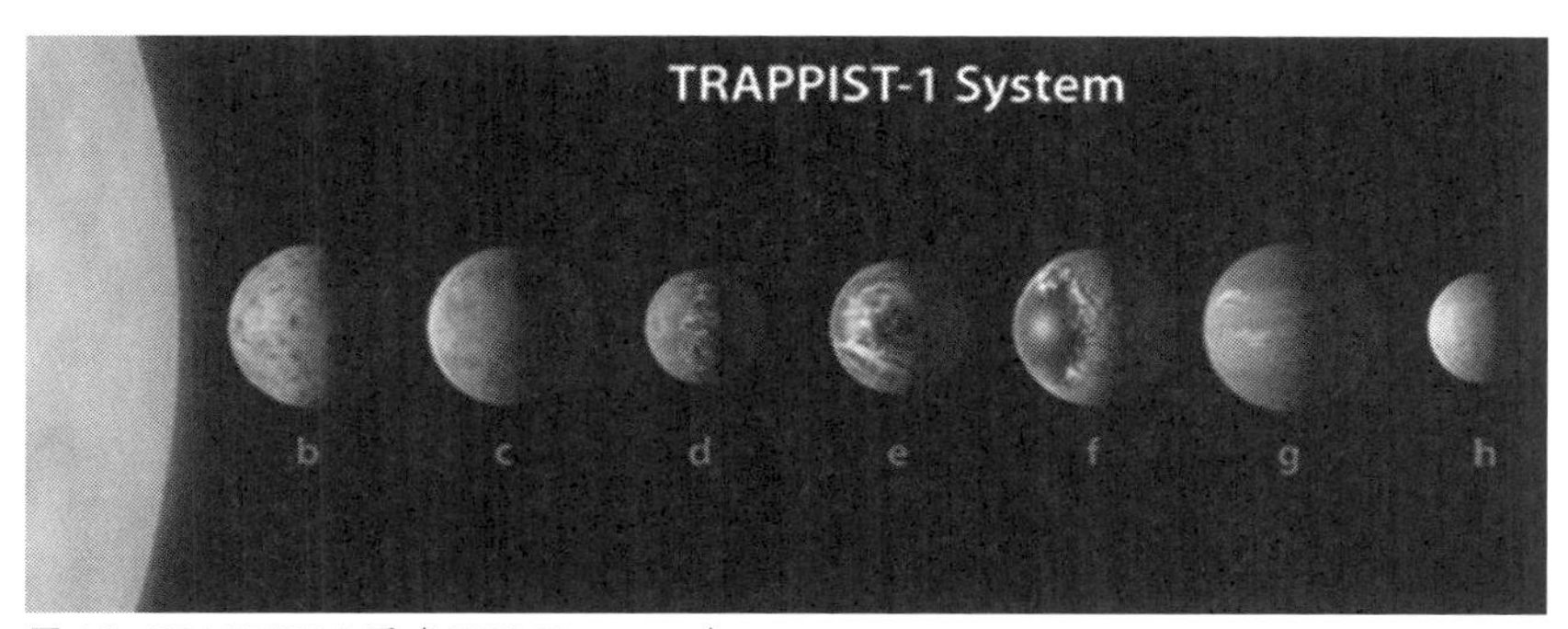

図 42　TRAPPIST-1 系（NASA Homepage）.

地球から39光年離れたこの系外惑星は、私たちに比較的近い距離にあると思われますが、宇宙推進システムと航法システムの欠如のために、残念ながら現在はそこに探査に行くことはできません。宇宙推進理論と宇宙航法理論の両方を組み合わせた、実用的な宇宙探査手段が必要なのです。

よく相対性理論の一般向けの本にも書かれていますが、例えば、特殊相対論によると、宇宙船が光速に近い0.9999cの速度で410光年先のプレアデス星団に行く場合、1・8年後に到着します。到着後すぐに地球への帰還に向かうと、地球出発から3・6年後に地球に帰還できることになります。

しかし、地球－プレアデス星団往復時間3・6年は、宇宙船内の乗員に対して経過する時間です。地球にいる人はこの間に820年が経過しています。この意味で未来の地球に帰還したことになります。いわゆる特殊相対論による浦島効果です。この航法は全く意味がなく、星への出発はその時代との決別の片道切符でしかありません。

光年単位の航続距離が要求される恒星系探査には、ロケットのような推進技術ではなく、新規な航法理論と航法技術が必要不可欠となります。

この種の航法理論としてよく知られているのは上述の特殊相対論による航法ですが、浦島効果でよく知られているように、地球時間と宇宙船時間の極端な時間ギャップのため、使い物にならない非現実的な航法です。

恒星まで数年かけて行けたとしても、故郷の地球に帰ると何百年、何千年が経過していたのでは、文字通り片道切符の宇宙旅行となるからです。

この浦島効果を除去し、地球時間と宇宙船時間のギャップをなくす理論として、一般相対性理論によるワームホールを使用したスペースワープ、特殊相対論を進展させた虚数時間の性質をもつ超空間突入による超空間航法（タイムホール）理論——などの研究が内外で検討されています[27・28・29・30・31・32・33]。

そのあたりを多少専門的になりますが、詳しく説明します。

星間旅行への3つの方法

恒星間旅行には3つの方法が考えられます。基本は誰もが知っている「距離＝速度×時間」の式です。星への距離をL_{star}、宇宙船の速度を$V_{starship}$、時間をtとすると、$L_{star}=V_{starship}\times t$です。星への距離$L_{star}$は膨大な値です。宇宙船が仮に$V_{starship}\approx$光速度cで飛行したとしても（特殊相対論による時間収縮を考慮したとしても）、乗員にとって耐えがたい長期の時間が要求されます。

星へ早く到達するには3つのパラメータ（距離、速度、時間）を制御するしかありません。以下、nは1より大きい実数です。

（1）速度を変える　$L_{star}=(nc)\times t$

つまり、宇宙船の速度を光速より大きくして（俗にいう超光速）、早く星に到達する方法です。残念ながら、推進理論の観点からは、いかなる推進原理も光速値を超える推進理論は無いこと、特殊相対論の制限を受けることから、この方法は却下されます。

（2）距離を変える　$(L_{star}/n) = c \times t$

いわゆるワームホールが利用されます（図43）。ワームホールを通過することで、星への距離を$L_{star}/n \approx$ 数m程度にしたことになります。

例えば、ワームホールを通過する距離1mは実際の宇宙空間の数十～数百光年の距離に相当するということです。ワームホールはプランク長（～10^{-35}m）の大きさで、原子の大きさ（～10^{-15}m）より遥かに小さく、この中を宇宙船が通過すること自体困難です。

また、ワームホールが理論的に特異点を含み基本的な問題があること、ワームホールの大きさも変動し不安定であることが指摘されています。何よりも航法上致命的なのは、ワームホールが仮に存在しても一体宇宙のどこの場所に行

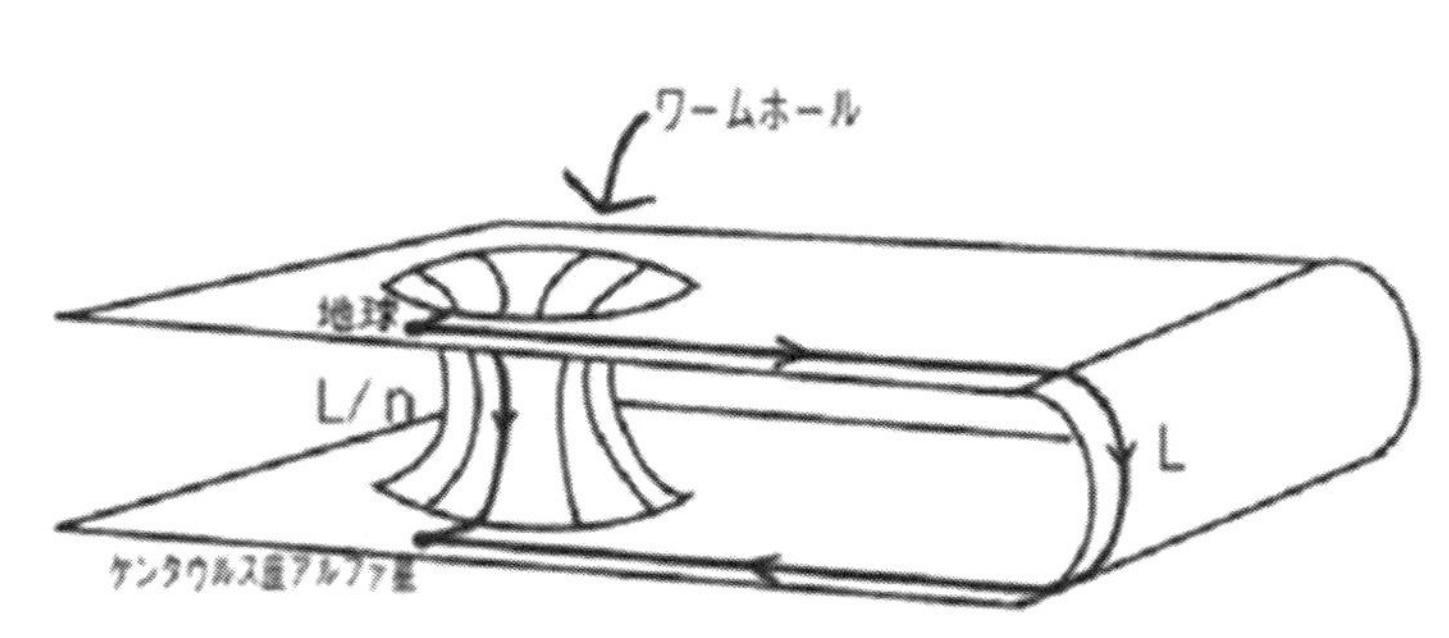

図43　ワームホールによる地球からケンタウルス座アルファ星への近道

くのかワームホール任せですので、理論的にも技術的にもこの方法には魅力がありません。

（３）時間を変える　$L_{star}=c\times(nt)$

虚数時間のタイムホール的な穴を通過することで、星への時間をntに、つまり数十~数百年程度にしたことになります（**図44**）。例えば、虚数時間のタイムホールを通過する１秒間は実際の宇宙空間での１００万秒の時間に相当するということです。

この方法は、著者が超空間航法理論として、特殊相対論による浦島効果の欠点除去のため、１９９３年にＩＡＦ国際会議で発表したものです。[29]（"*Hyper-Space Navigation Hypothesis for Interstellar Exploration*（*IAA.4.1-93-712*）," 44th Congress of the International Astronautical Federation（IAF）,1993.）

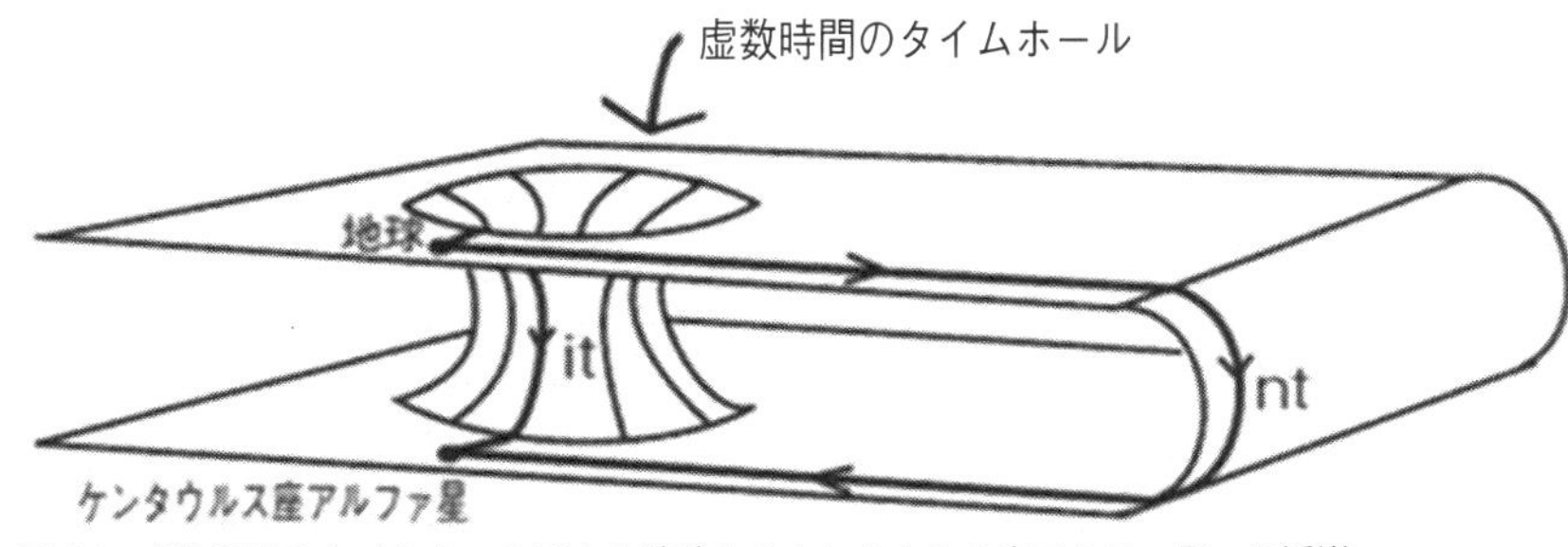

図44　虚数時間のタイムホールによる地球からケンタウルス座アルファ星への近道

以下、この〈**時間を変える**〉**タイムホール**を利用した方法について説明します。これは、「**虚数時間を用いた超空間航法理論**」として、ＩＡＦ、米国ＳＴＡＩＦの国際会議やジャーナル誌に掲載されている論文に基づくものですが、ワームホールを利用したスペースワープやその他論文同様に一つの仮説にすぎません。

虚数時間を用いた超空間航法理論（タイムホール）

時空間の性質は時空の２点間の距離を規定する計量（メトリック）によって特徴付けられます。計量は曲がった空間では場所の関数となりますが、平坦な空間では場所によらず一定の定数値をとります。

太陽系と恒星系の間の物質の希薄な宇宙空間は平坦な空間とみなせます。我々が住む現実の物理空間はミンコフスキー空間であり、特殊相対論により規定される世界です。これを実空間（Real-Space）と定義します。

ここで仮説としてミンコフスキー計量の時間成分反転に対する距離の不変性を要求すると、必然的に虚数時間が生じます。空間座標（x，y，z）の３成分は実数ですが、時間座標１成分tだけが虚数時間 it（i^2 = -1）の時空間が得られます。これを**超空間**（Hyper-Space）と定義します。

実空間（Real-Space）は、空間座標（x，y，z）の３成分並びに時間座標１成分 t が実数です。

超空間と実空間との差異は唯一、時間座標が虚数時間 it であるかどうかだけです。実空間の時間 t は超空間では虚数時間 it に対応します。したがって、超空間では速度も虚数の速度になります。そうするとローレンツ変換式が影響され、超空間でのローレンツ変換式が新たに得られます。超空間ローレンツ変換式及び実空間の特殊相対論によるローレンツ変換式を、結果のみ囲みに示します。大きな差異は Lorentz-Fitz Gerald contraction factor $[1-(V/c)^2]^{1/2}$ が $[1+(V/c)^2]^{1/2}$ に変更される点です。

〈超空間ローレンツ変換（Hyper-Space Lorentz transformation）〉

$$x' = (x - Vt) / [1+(V/c)^2]^{1/2}, \quad t' = (t + Vx/c^2) / [1+(V/c)^2]^{1/2}$$

$$\Delta t' = \Delta t\,[1+(V/c)^2]^{1/2}, \quad \Delta L' = \Delta L\,[1+(V/c)^2]^{1/2}.$$

〈実空間ローレンツ変換（Real-Space Lorentz transformation）：特殊相対論〉

$$x' = (x - Vt) / [1-(V/c)^2]^{1/2}, \quad t' = (t - Vx/c^2) / [1-(V/c)^2]^{1/2}$$

$$\Delta t' = \Delta t\,[1-(V/c)^2]^{1/2}, \quad \Delta L' = \Delta L\,[1-(V/c)^2]^{1/2}.$$

時間に関する変換式を用いて次の航法を考えます。**図45**で、領域Ⅰは実空間、領域Ⅱは超空間を示します。各々の領域は2つの慣性系SとS'を含みます。Sは静止座標系、S'はx軸に沿って宇宙船速度Vs（等速度）でS系に対して相対的に運動する座標系を示します。

つまり、Sは地球の座標系を、S' は宇宙船の座標系を示します。Δt_{ERS} は実空間で地球上観測者の経過時間（地球時間）、$\Delta t'_{RS}$ は実空間での宇宙船の時計で示される経過時間（宇宙船時間）を示します。次に、Δt_{EHS} は超空間で地球観測者の経過時間（地球時間）、$\Delta t'_{HS}$ は超空間での宇宙船の時計で示される経過時間（宇宙船時間）を示します。添え字RSは実空間、HSは超空間を示します。

さて、実空間で準光速度 $Vs \fallingdotseq c$ に到達した宇宙船が超空間に突入したとします。超空間突入後の宇宙船は、突入直前の準光速度 $Vs \fallingdotseq c$ を維持し、S' 系をとります。つまり、$Vs_{(RS)} = Vs_{(HS)}$ です。宇宙船の経過時間は連続でなければならないので、$\Delta t'_{RS} = \Delta t'_{HS}$ となります。

実空間と超空間での宇宙船時間と地球時間との関係は、カコミの式から次式で与えられます。

〈実空間（Real-Space）：$\Delta t'_{RS} = \Delta t_{ERS}\,[1-(Vs/c)^2]^{1/2}$〉

〈超空間（Hyper-Space）：$\Delta t'_{HS} = \Delta t_{EHS}\,[1+(Vs/c)^2]^{1/2}$〉

$\Delta t'_{RS} = \Delta t'_{HS}$ の条件から、実空間と超空間との地球時間の時間変換式が得られます。

$$\Delta t_{ERS} = \Delta t_{EHS}\left([1+(Vs/c)^2]^{1/2} / [1-(Vs/c)^2]^{1/2}\right)$$

もし宇宙船速度 $Vs = 0$ ならば、$\Delta t_{ERS} = \Delta t_{EHS}$ となり、地球上観測者の経過時間は実空間と超空間で一致し等しくなります。宇宙船速度Vsが光速度cに近づくにつれて、実空間の地球時間と超空間の地球時間は大きく乖離していきます。

次に、実空間の地球上の観測者が観測した宇宙船の航続距離Lは、$L = Vs \times \Delta t_{ERS} \sim c \times \Delta t_{ERS}$

で与えられます。地球上の観測者は、宇宙船が準光速度Vs≒cで飛行し続け、その速度を維持しながら超空間に突入した直後にその機影を見失います。

地球上の観測者は宇宙船が超空間に突入し見えなくなった時点から、宇宙船は超空間でVs≒cの速度を維持し、地球経過時間Δt_{ERS}の時間の間飛行し続けていると観測します。そして、この地球から観測した宇宙船飛行時間Δt_{ERS}はVs≒cにおける実空間と超空間との地球時間の時間変換式から求められます。

宇宙船の速度がVs=0.99999999c,の場合、時間変換式から次のようになります。

$$\Delta t_{ERS} = \Delta t_{EHS} \times 31622\ ,\ \Delta t'_{HS} = \Delta t_{EHS} \times 1.4$$

$\Delta t'_{HS}$は超空間での宇宙船の時計で示される経過時間（宇宙船時間）を示します。

超空間でのΔt_{EHS}＝１秒の経過時間は、実空間でΔt_{ERS}＝３１６２２秒の経過時間に相当します。同様に、超空間での1時間は実空間での３１６２２時間（３・６年）に相当します。

さて、宇宙船が超空間を宇宙船時間で１００時間（$\Delta t'_{HS}$=100hr；Vs=0.99999999c）飛行する間、超空間での地球時間は70時間（Δt_{EHS}=70hr；Vs=0）が経過します。この超空間での地球経過時間は静止系ですので、実空間の地球経過時間と同じです。（[Δt_{EHS}；Vs=0]＝[Δt_{ERS}；Vs=0]＝70hr）

つまり、実空間での地球上の観測者の経過時間は70時間で、超空間飛行中の宇宙船経過時間１００時間と大きな差はありません。ところがこの超空間での地球経過時間70時間（Δt_{EHS}=70hr；Vs=0）は、宇宙船が光速に近い準光速度で飛行しているため、実空間での経過時間は時間変換式により等価的に253年に伸長されることになります（$\Delta t_{ERS}=70 \times 31{,}622=2{,}213{,}540$hr（253 years）；Vs=0.99999999c）。

この253年という時間は、実空間の地球から観測した準光速度の宇宙船の飛行時間を示します。超空間に突入し、準光速度で飛行する宇宙船の乗員の経過時間100時間は、実空間での地球上観測者から見て253年の時間経過に相当しますが、観測している地球上の実際の経過時間は70時間です。

地球から観測した宇宙船の航続距離は、（地球からみた宇宙船の速度Vs）×（地球からみた宇宙船の飛行時間Δt_{ERS}）なので、航続距離Lは253光年となります。つまり、

$L = Vs \times \Delta t_{ERS}$（Vs=0.99999999c）＝

0.99999999c × 253 ≒ 253 lightyears です。

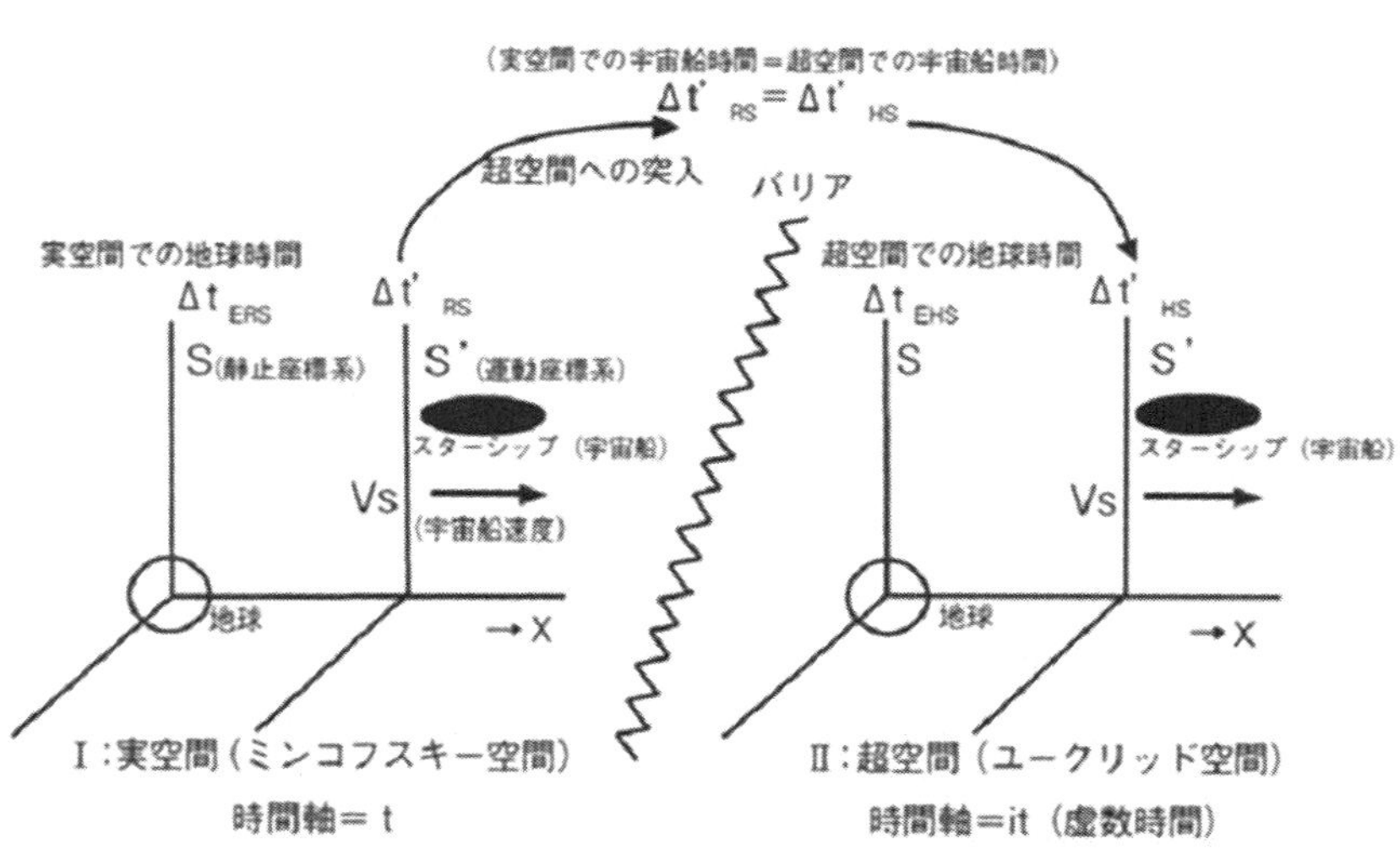

図45　実空間から超空間への遷移（ジャンプ）

虚数時間の性質をもつ超空間に突入することにより、超空間航行中の宇宙船飛行時間（経過時間）１００時間は、実空間で２５３年の経過時間に相当します。

しかし、地球での経過時間は70時間です。したがって、宇宙船乗員（１００時間）と地球上の人々（70時間）との時間ギャップがほとんどありません。俗にいう浦島効果なしに、宇宙船は超空間に突入することにより、１００時間で地球から２５３光年離れた恒星系に到達できることになります。一種の**タイムワームホール**です。つまり、特殊相対論による浦島効果の制限を除去できることになります。

恒星間航法の比較

次に、**従来の特殊相対論による恒星間航法**と**超空間航法**との比較を**図46**、**図47**に示します。共に地球から４１０光年離れたプレアデス星団へ、宇宙船速度Vs＝0.99999cで飛行した場合を条件とします。

（1）特殊相対論による恒星間航法

宇宙船速度Vs＝0.99999cで４１０光年離れた星へ行く宇宙船の飛行時間ｔは、地球からみて４１０年かかります（ｔ＝410／0.99999≒410）。しかし、特殊相対論による時間収縮式から宇宙船の経過時間ｔ’は1.8年となります｛$t' = [1 - (0.99999c/c)^2]^{1/2} \times 410 \fallingdotseq 1.8$｝。つまり、宇宙船の乗員はわずか1.8年の飛行時間で410光年離れた星へ行くことができます。しかし、ここに非常に大きな問題が存在することは周知の通りです。

宇宙船経過時間はわずか1.8年ですが、地球経過時間は410年であり、時間ギャップがあまりにも大きすぎるのです。地球に往復3.6年かけて帰還した宇宙船の乗員は、地球が出発時から820年後の全く別の時代であることを知ります。いわゆる、浦島効果を体験することになります。この現象は現実の空間に対して真実です。

この特殊相対論による恒星間航法は非現実的で、文字通り片道切符であり、遠い星に行く意味がありません。行くということは、その時代の人たちとの決別を意味します。

(2) 超空間突入による恒星間航法(超空間航法)

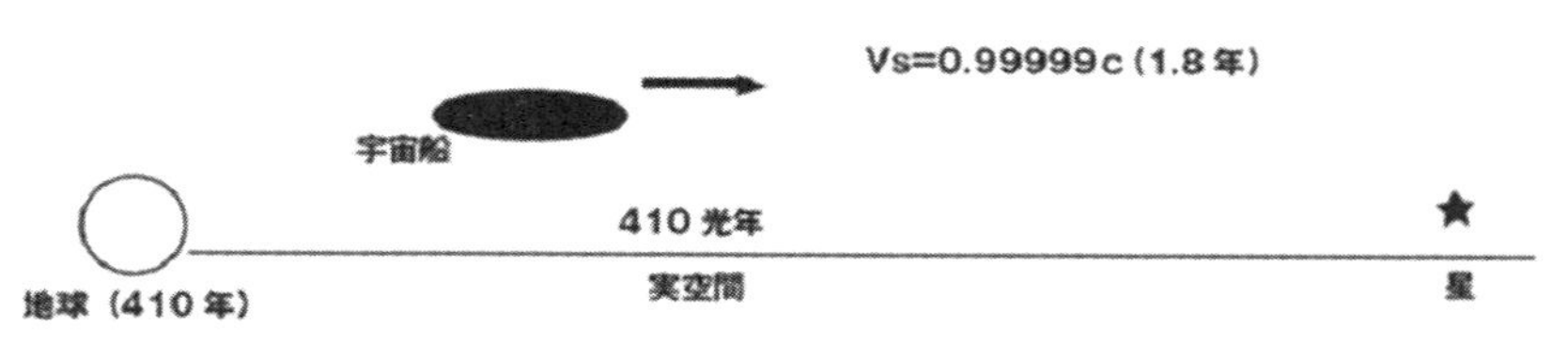

図46　特殊相対論による恒星間航法

地球を離れた宇宙船が実空間でVs＝0.99999cに到達すると、ただちにある方法により超空間に突入します。超空間突入後の宇宙船は飛行時間t'＝1.8年で超空間を航行します。**図47**に示しますように、超空間の飛行時間t'＝1.8年は地球経過時間t＝1.3年となります。しかし、この1.3年は４１０年に相当し、地球からみた宇宙船の航続距離は４１０光年となります。

つまり宇宙船の乗員は、超空間突入後1.8年の飛行時間で４１０光年離れた星へ行くことができます。特殊相対論による航法と同じ効果がまず得られます。ところがこの間、地球では1.3年しか経過していません。

宇宙船が虚数時間の性質をもつ超空間に突入することにより、宇宙船時間と地球時間との時間ギャップの伸長が抑制される、つまり浦島効果のない現実的な航法が達成されるのです。

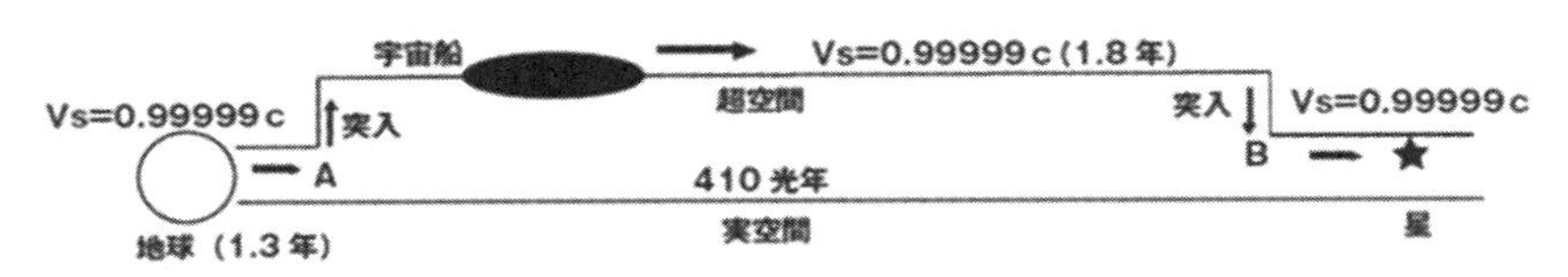

図47　超空間突入による恒星間航法（超空間航法）

恒星への行き方

恒星間飛行に対する現実的な航法を、図48に示します。

目的の星Bへ到達するために、地球を光速度の10％～20％の速度で宇宙船は太陽系離脱後、準光速度まで加速し、A地点でただちに超空間に突入します。特殊相対論による宇宙船時間と地球時間との時間ギャップを避けるため、準光速度に達した宇宙船はただちに超空間に突入することが必要です。超空間では時間軸（ct）の方向は虚数時間（ict）の方向、つまり実時間と直角の方向になります。ただし宇宙船の進路方向は実時間と同じX軸方向です。

宇宙船の乗員は囲み記載の式により、宇宙船経過時間を測定することで、地球からみた宇宙船の航続距離が計算できますので、所定の時間経過後に、宇宙船は目的の星近くのB地点で超空間から飛び出し、実空間に戻ります。

その後、宇宙船は実空間で準光速度から減速し、目的の星に到達します。

図48の航法を、もう少し具体的な描像で図49に示します。

宇宙船は地球を離れて加速し、ある地点で視界から消えます。超空間航行後に、宇宙船は目的地近くで再び出現し、減速して目的地に到着します。宇宙船が消えてから再び出現するまでの超空間航行は途方もない距離を短い時間で航行していますので、見かけ上は光速を遥かに超えた超光速航法となっています。

推進の観点から光速は超えていません。航法の観点から、図44（131ページ）に示す虚数時間の

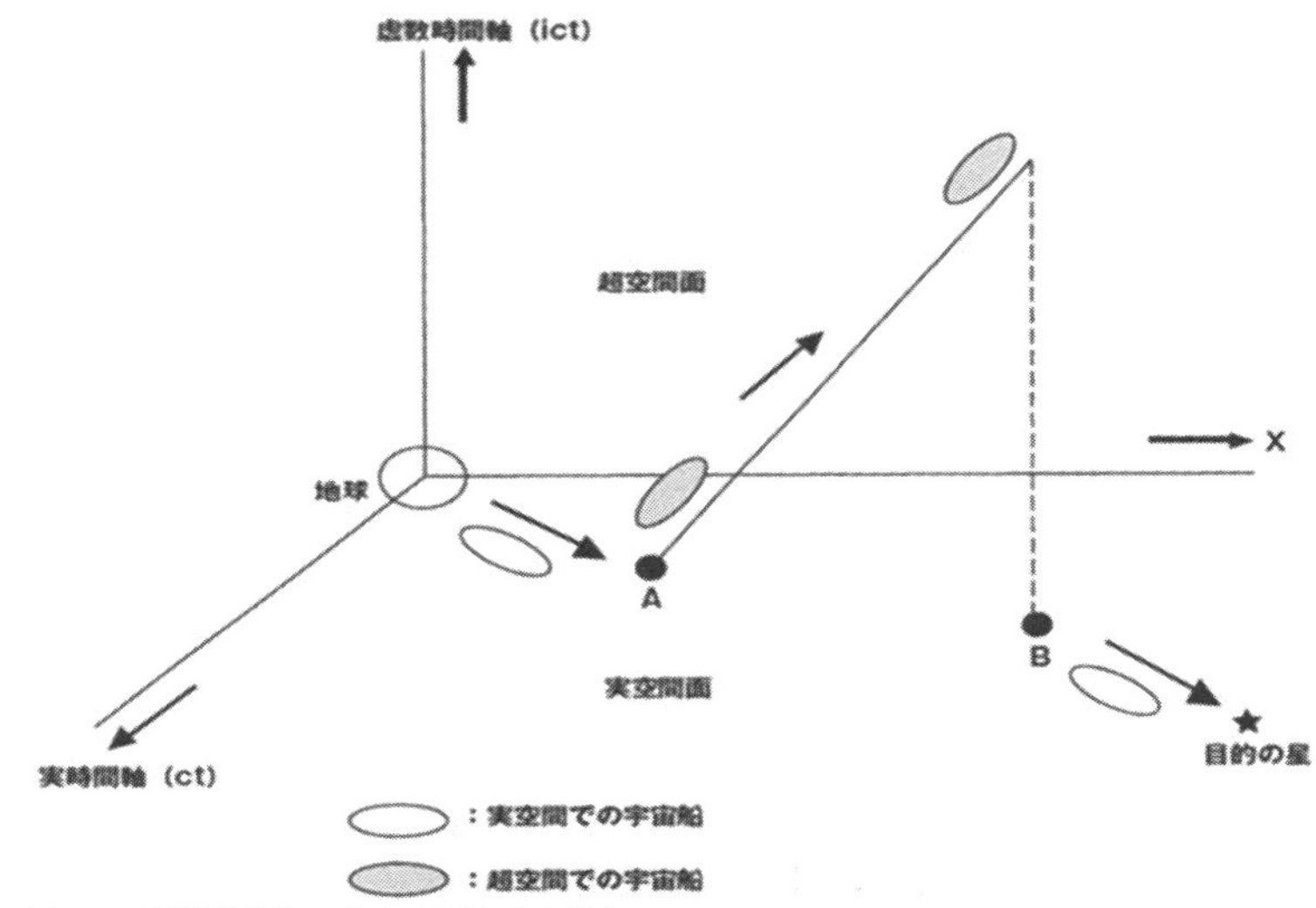

図 48　恒星間飛行に対する現実的な航法

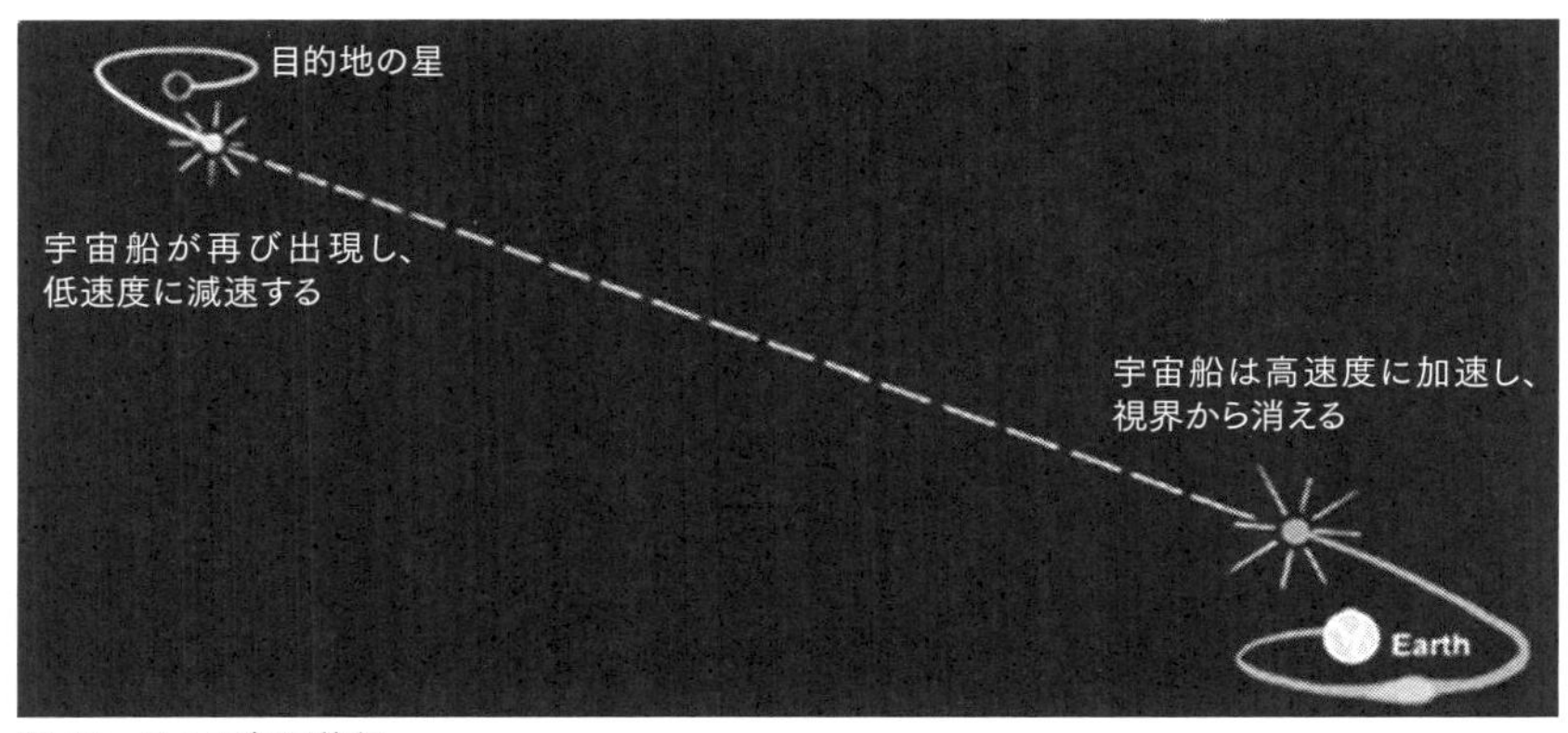

図 49　星への銀河旅行

タイムホールを通過することでワープできたとの解釈ができるのです。

この**超空間航法**は実空間の任意の場所で任意の時間で自由に行なえ、何の制限も有りません。どこに出るか分らないワームホールを利用した航法と較べて、宇宙船の航路は意図された進路と時間で自由に目的地への飛行が可能です。

つまり、宇宙のどこででも、いつでも必要な時に、すぐにタイムホールによるワープ航法が実行できます。

超空間航法では、2種類の推進システムが必要です。実空間で短時間に宇宙船を準光速度まで加速でき、かつ減速できるフィールド推進システムと、準光速度達成後超空間に突入し、また超空間から実空間に飛び出す超空間航法用の星間推進システムとが要求されます。宇宙船はこの2種類の推進エンジンを装備することが不可欠です。

上述から理解されますように、時間の因果律は保存されています。超空間という虚数時間のトンネルを通過して先回りしただけで、トンネル経過時間と地球時間とは1対1.4の比ですが共に経過するからです。

超空間突入の方法

次に、超空間の突入の方法と技術の可能性について触れてみたいと思います。

実空間から超空間への突入は、実空間のどの場所でもいつでも必要な時に実行できます。すなわち、宇宙船は航路の制限なしに超空間に突入できることになります。これは、実空間と超空間とが常に並行して同時に存在していることを示します。

実空間と超空間を隔離している要素は、通常の時間が虚数時間である点です。一般に異なる2種類の物理相が同時に隣接する場合、ポテンシャル障壁がこれらの物理相を隔離するために存在します。宇宙船は超空間突入にあたって、このポテンシャル障壁を突破しなければなりません。

宇宙船が超空間に飛び込み、超空間航行後、実空間に戻るための障壁突破の方法として、空間破壊と量子トンネル効果の2つの方法があります。詳細は省きますが（洋書に解説）、宇宙船に対する多粒子系量子論の適用、経路積分法による宇宙船の波動関数、量子トンネル効果、波動関数の収縮、宇宙船再生のための波動関数の記憶などの理論考察が不可欠です。

なお、**図48**は実空間（3空間軸＋1時間軸）と超空間（3空間軸＋1虚数時間軸）が並行して共存している、つまり、5次元時空の並行宇宙（3つの空間軸＋2つの時間軸）として捉えることが可能です。

近い将来、太陽系探査を完了した人類の次の目標は、恒星系探査に向かうことになるでしょう。また、これまで各国で計画されたSETIプロジェクトは、地球外知的生命体の実在を前提としていますが、恒星と地球間の膨大な距離を克服できる恒星間航法理論とその技術の欠如により、彼らとの接触は不可能とされています。

すなわち、たとえ光速度の速度が得られたとしても、数年～数十年～数百年単位以上の航行時間が

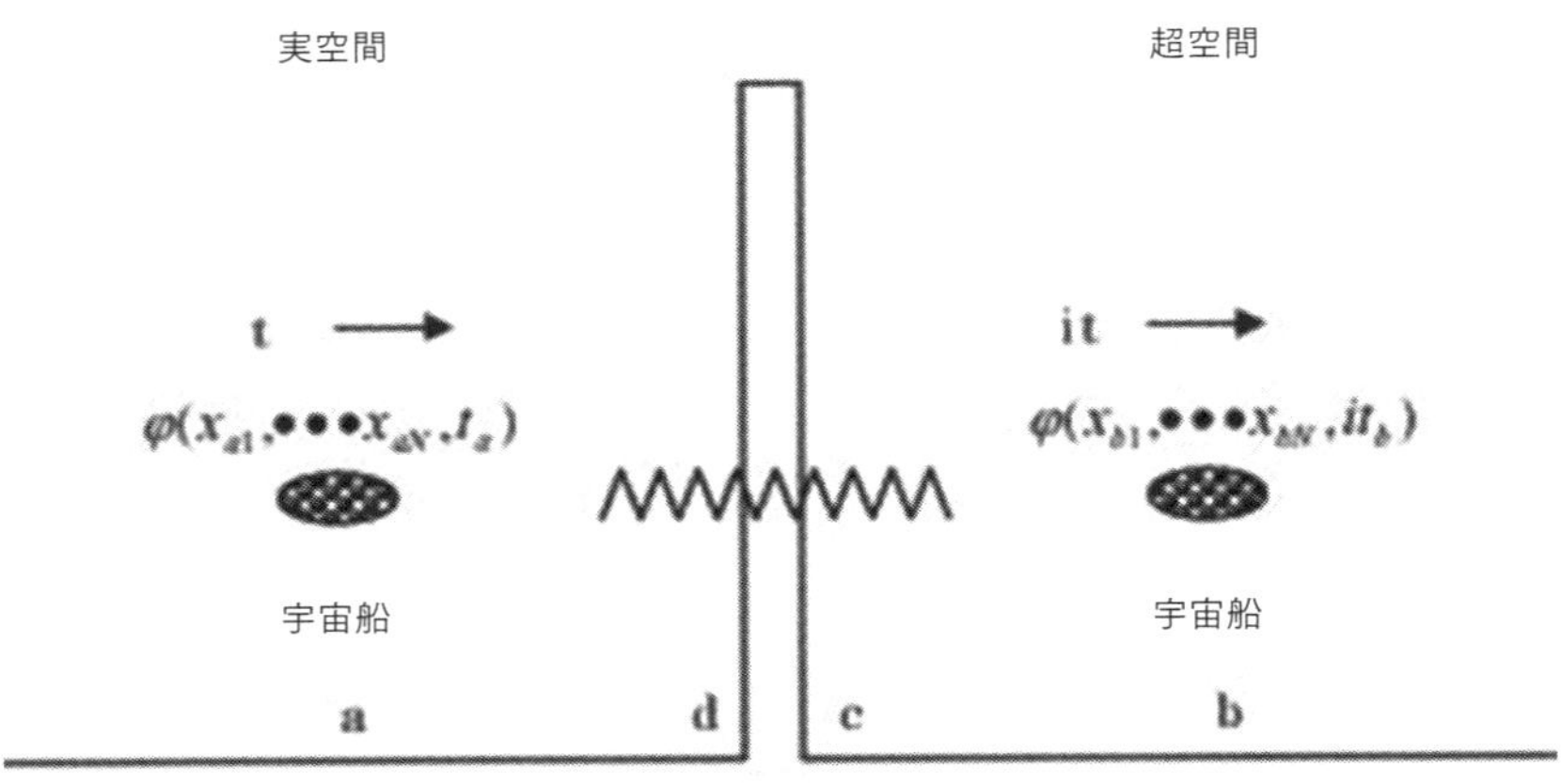

図 50　宇宙船の波動関数

要求される、耐えがたいほどの非常に長い航行時間を過ごさなければなりません。恒星間旅行は光速をもってしても、相当な年月が要求されるのです。

恒星間旅行を行なう旅行者にとっては、数日程度の短期間で星に行き、かつ出発時と同じ時代に帰還する必要があり、このためにはロケットなどによる推進理論ではなく、**スペースワームホール航法**や**超空間航法**のような**タイムワームホール的航法理論**が不可欠なのです。

ここで、超空間突入の方法のイメージとして量子トンネル効果の方法について概念のみを紹介します。

図50で、$\varphi(x_{a1},\cdot\cdot\cdot x_{aN}, t_a)$ は超空間突入前に実空間領域で微細化された多粒子系としての宇宙船の波動関数、$\varphi(x_{b1},\cdot\cdot\cdot x_{bN}, it_b)$ は実空間からポテンシャル障壁を通過し、超空間に

突入した後の多粒子系としての宇宙船の波動関数を示しています。
これらの波動関数は経路積分の表記で左記のように表現されます。

$$\varphi(x_{bl},\cdots x_{bN}, it_b) = \int_{-\infty}^{+\infty}[dx_{aN}]\,K(x_{bl},\cdots x_{bN}, it_b; x_{al},\cdots x_{aN}, t_a)\,\varphi(x_{al},\cdots x_{aN}, t_a)$$

ここで$\int[dx_{aN}] = \int\cdots\int dx_{a1}\,dx_{a2}\cdots dx_{aN}$.

詳細は洋書を別途参照してもらって、お話しとして流れを聞いてもらえればいいです。ファインマンのカーネルK（b,a）は、$K(b,a) = \iint[dx_{cN}][dx_{dN}]\,K(b,c)\,K(c,d)\,K(d,a)$.

これを展開し結果的に、$K(b,a) = \int[dx_{d\to c,N}]\,K(b,c)\,K(d\to c,a)$となり、超空間での多粒子系宇宙船の波動関数は、$\varphi(x_{bl},\cdots x_{bN}, it_b) = \int_{-\infty}^{+\infty}[dx_{aN}]\,K(b,a)\,\varphi(x_{al},\cdots x_{aN}, t_a)$.で与えられます。

図51は**図48**（141ページ）、または**図49**（141ページ）の恒星間旅行を実現する場合を説明する図です。

図48のA点で、実空間から超空間突入前に宇宙船の微細化操作（Fine-grained ON）を行ないます。

量子トンネル効果によりポテンシャルバリヤを通過し、超空間に突入します。

突入後、微細化操作を解除（Fine-grained OFF）し、超空間を航行することになります。所定の時間経過後、目標の恒星付近のB点に近づいた時点で実空間に戻るため、再度宇宙船の微細化操作を行ないます。ポテンシャルバリヤをトンネリングして超空間から実空間に戻り、微細化操作を解除します。この後は、通常の推進で恒星に向かうことになります。概念としては、このような話になります。

ワームホールとタイムホール（超空間航法）とのトレードオフ

ここでは**ワームホールによる航法**と**タイムホール（超空間航法）による航法**の特徴についての比較を**表1**に示します。ワームホール解は不安定解であることが数値計算から報告されていますが、理論的なアイデアと云う観点では両航法は同じ立ち位置にあります。

両航法とも恒星間旅行を短期間で実現しますが、航法の特徴と理論的技術的事項が異なります。

現実的な恒星間旅行は、宇宙推進理論と航法理論との併合により可能となります。虚数時間で特徴づけられた超空間に突入することで、恒星間旅行は従来概念のワームホール同様に短期間で可能になります。特殊相対論によるウラシマ効果という理論的制限が除去されると言えます。

前述の**超空間航法（タイムホール）**は、宇宙船をいつでも宇宙のいかなる場所からでも目的の星系

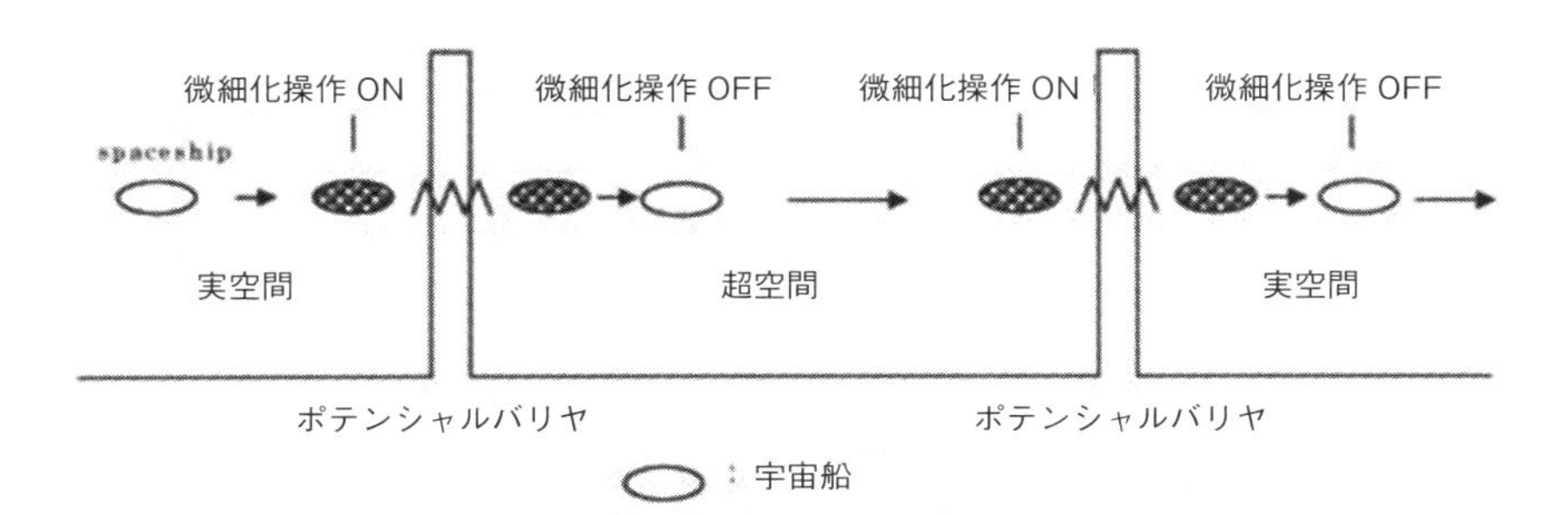

図 51　宇宙船の航法シナリオ

表１　ワームホールとタイムホールの比較

	ワームホール	タイムホール
方法	図43	図44
航法の特徴	★ワームホール航法はどの場所に行き、どうして戻るのかが不明。 ★ワームホールの位置が不明。 ★いつでもどこでも任意に使用できない。 つまり、航法に制限が有る。	★ 超空間航法（タイムホール）による航法は、一切の制限無く、いつでもどこでも任意に使用できる。
課題	★ワームホールのサイズは原子より小さく($\sim 10^{-35}$m)、さらにワームホールの大きさは理論的に不安定で変動する。 ★ワームホールの解は特異点を含み、この航法は理論的な問題点を有している。 ★ワームホールの大きさを広げるには途方も無いエネルギーが必要。	★実空間は超空間と並行宇宙として共存する。各々の空間はポテンシャル障壁で隔離されている。唯一の差異は実時間か虚数時間かである。

へと出発させることができます。そして全ミッション期間は通常の日常期間内であり、星から帰還しても出発した地球時間と大きな差異は発生しません。（図52）。

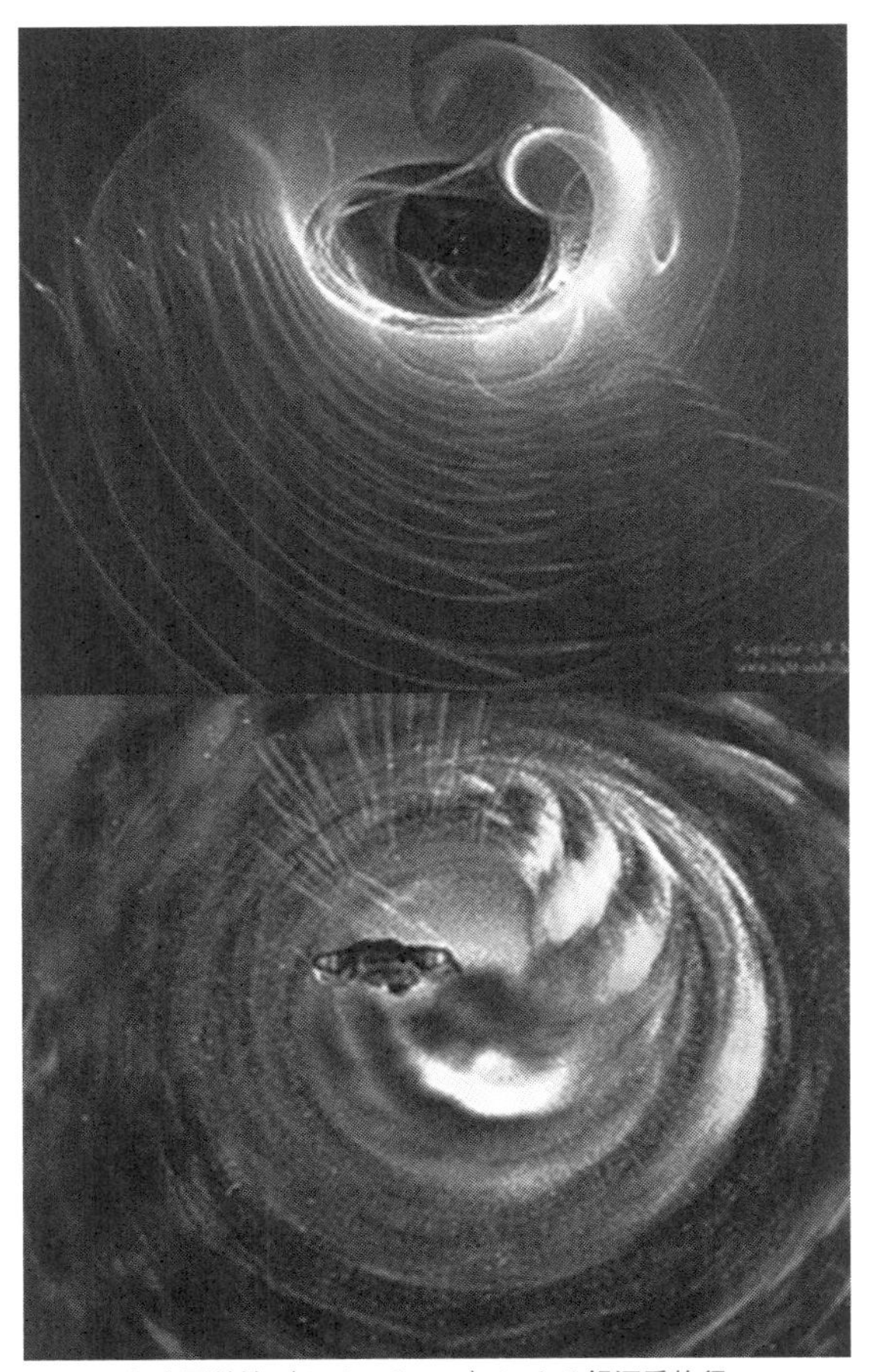

図 52　超空間航法（タイムホール）による銀河系旅行

あとがき

本書『最新！ スターシップ理論――銀河系を旅行する宇宙航法はこれだ‼――』は宇宙推進物理学の一般向けの解説書です。物が移動するとはどういうことなのか、そして移動する方法にはどのようなものがあるのか、宇宙推進ロケットの基本から説明しました。同時に現在の宇宙推進ロケットの問題点や課題について説明し、これを凌駕する新しい宇宙推進についての推進理論を紹介しています。そしてこの新しい宇宙推進を用いた銀河系旅行の航法について紹介しています。

星系への距離は途方もなく膨大です。このため化学ロケットのような現在の推進テクノロジーを使用した場合、地球に近い恒星への旅行は数千～数万年かかることになります。このような恒星間宇宙旅行の限界に打ち克つために、新規な推進理論と航法理論の研究開発が不可欠なのです。

1つの解決策として、フィールド推進の代表例である空間駆動推進理論の推進機構および虚数時間の特徴をもつ時空間によって得られる超空間航法理論（タイムホール）に関する有望な概念がこの本で紹介されています。

空間駆動推進システムは歪んだあるいは変形した空間の場の近接作用を利用するフィールド推進システムの一つです。空間駆動推進システムは質量体を放出することなく推進します。宇宙船の推進力は、宇宙船周辺の時空間と宇宙船自身との相互作用により生じる圧力推力で、宇宙船は時空間の構造に対して推進することになります。

一方、特殊相対性理論を利用した星間旅行は航法理論としてよく知られていますが、非現実的な航法理論です。地球時間と宇宙船時間との間に極端な時間ギャップがあるからです。これは浦島効果（双子のパラドックス）としてよく知られている現象です。たとえ数年かけて目的の星に到達できたとしても、故郷の地球に帰還したとき何百年、何千年が経過しているのです。知っている人は誰もいなく、別の時代の地球で、文字通り片道切符の宇宙旅行となります。

また、一般相対性理論によるワームホールを利用するスペースワープ航法がよく知られています。残念ながら、ワームホールの大きさ（～10^{-35}m）が原子よりもはるかに小さく、その上ワームホールの大きさが不安定のため理論的に変動することが予測されており、ワームホールによるスペースワープ航法は技術的に困難です。しかも宇宙の何処に行き宇宙の何処に戻るのかが分らないワームホール任せの航法と云えます。また、ワームホールの解は特異点を含むとされており、この航法は理論上基本的な問題を有していることになります。

このように推進理論だけでなく新規な航法理論が、光年単位の航続距離が要求される星系探査には不可欠で、現実的な星系探査は推進理論と航法理論の併用により実現可能となります。本書では時空間の物理的な構造に基づくフィールド推進理論と新しい航法理論の併用による現実的な銀河系旅行の手段を説明しています。物理的および工学的観点から、フィールド推進の推進原理を説明し、フィールド推進の代表例として、空間駆動推進システムの推進理論、英国の登録特許、そして最新の宇宙論と天体物理学の観点による推進概念を紹介しています。

また、銀河系探査には、光速の壁を迂回するワームホールなどの航法技術が不可欠です。「光の障壁」を克服する方法、すなわち光の障壁をジャンプするための超空間航法理論について紹介しています。

なお、一般向けの解説書ということで、数式は大半を省略し、必要と思われるものを参考程度に記載しています。数式による解説に興味ある読者は、洋書“*Field Propulsion Physics and Intergalactic Exploration*”[34] あるいは基礎的な解説書として「星系への旅 *A Journey to the Stars* [37]」（洋書 *A Journey to the Stars* [36] を翻訳した日本語版）を参照ください。

https://www.morebooks.de/store/gb/book/星系への旅-a-journey-to-the-stars/isbn/978-613-8-24565-0

最後に、今回、本書の出版の機会を与えて戴いたナチュラルスピリット社の今井社長、出版過程で多々お世話になった担当編集者の磯貝いさお氏、ＤＴＰの細谷毅氏はじめ出版事務の諏訪しげ様にこの場を借りて深く感謝致します。

REFERENCES——参考資料

[1] Minami, Y., Space Strain Propulsion System, 16th International Symposium on Space Technology and Science (16th ISTS) , Vol.1, 1988: 125-136.

[2] Forward, R.L. (Forward Unlimited, Malibu CA) , Letter to Minami, Y. (NEC Space Development Div., Yokohama JAPAN) about Minami' s "Concept of Space Strain Propulsion System" , (17 March 1988) .

[3] Minami, Y., Possibility of Space Drive Propulsion, paper IAA-94-IAA.4.1.658, presented at 45th IAF Congress, 1994.

[4] Hayasaka, H., "Parity Breaking of Gravity and Generation of Antigravity due to the de Rham Cohomology Effect on Object' s Spinning." In 3rd International Conference on Problems of Space, Time, Gravitation.1994.

[5] Huggett, S.A., and Todd, K.P., An Introduction to Twistor Theory. UK: Cambridge University Press, 1985.

[6] Pauli, W. Theory of Relativity, Dover Publications, Inc.,New York, 1981.

[7] Minami, Y., Space Drive Force Induced by a Controlled Cosmological Constant, paper IAA-96-IAA.4.1.08, presented at 47th IAF Congress, 1996.

[8] Minami, Y., Spacefaring to The Farthest Shores - Theory and Technology of A Space Drive Propulsion System, JBIS, 50, 1997: 263-276.

[9] Minami, Y., Conceptual Design of Space Drive Propulsion System, STAIF-98, edited by Mohamed S. El-Genk, AIP Conference Proceedings 420, Part Three, 1516-1526, Jan.25-29, 1998, Albuquerque, NM, USA.

[10] Matloff, G. L., Deep Space Probes, Springer, 2000; page 127 (Ch. 9: 9.4 'CABBAGES AND KINGS' : GENERAL RELATIVITY AND SPACETIME WARPS.

[11] Zampino, E.J., Critical Problems for Interstellar Propulsion Systems, Available from: ralph. open – aerospace.org/deep/repository/zampino2.pdf ; website shown on Google, June 1998.

[12] Alcubierre, M., The Warp Drive: Hyper-Fast Travel Within General Relativity, Class. Quantum Gravity 11, L73-L77, 1994.

[13] Kolb, E.W. and M.S.Turner., "The Early Universe" , Addison-Wesly Publishing Company, New York, 1993.

[14] Tolman, R.C., "Relativity Thermodynamics and Cosmology" , Dover Books, New York, 1987.

[15] Kane, G., "Modern Elementary Particle Physics" , Addison- Wesley Publishing Company, New York, 1993.

[16] Ryden, B., " INTRODUCTION TO COSMOLOGY " , ADDISON WESLAY, 2003.

[17] Matsubara, T., "Introduction to Modern Cosmology: Coevolution of Spacetime and Matter" , University of Tokyo Press, 2010.

[18] Minami, Y., Space drive propulsion principle from the aspect of cosmology, in: STAIF (Space

Technology & Applications International Forum）Ⅱ, Albuquerque, NM, Apr. 16-18, 2013.
[19] Minami, Y., "Space Drive Propulsion Principle from the Aspect of Cosmology", Journal of Earth Science and Engineering 3（2013）379-392. http://davidpublishing.org/
[20] Minami, Y., "Basic concepts of space drive propulsion—Another view（Cosmology）of propulsion principle—", Journal of Space Exploration（METHA PRESS）,（2013）106-115.
[21] Potter, P. E., "Gravitational Manipulation of Domed Craft"; Adventures Unlimited Press,（2008）.
[22] 平成３年度ＪＳＵＰ宇宙環境利用研究会報告書—機能性新素材研究会—
[23] Survey Report of Research Committee on Functional New Material "Prometheus in Space", March 1993, JAPAN SPACE UTILIZATION PROMOTION CENTER:（Minami Y., Liquid Metal MHD Power Generation System Using Antiproton Annihilation Reactor, pp.136-150.）
[24] 福江　純、「輝くブラックホール降着円盤　－降着円盤の観測と理論－」、プレアデス出版、2007年
[25] Kato, S., Fukue, J. and Mineshige, S., Black-Hole Accretion Disks － Towards a New Paradigm －, Kyoto University Press, 2008.
[26] 柴田、福江、松元、嶺重　共編、「活動する宇宙—天体活動現象の物理—」、裳華房、1999年。
[27] Forward, R.L., "Space Warps :A Review of One Form of Propulsionless Transport," JBIS, 42, pp.533-542（1989）.
[28] Froning Jr, H.D., "Requirements for Rapid Transport to the Further Stars," JBIS, 36, pp.227-230（1983）.
[29] Minami,Y., "Hyper-Space Navigation Hypothesis for Interstellar Exploration（IAA.4.1-93-712）," 44th Congress of the International Astronautical Federation（IAF）,1993.
[30] Minami,Y., "Travelling to the Stars: Possibilities Given by a Spacetime Featuring Imaginary Time," JBIS, .56, pp.205-211（2003）.
[31] Minami,Y., "A Perspective of Practical Interstellar Exploration: Using Field Propulsion and Hyper-Space Navigation Theory" in the proceedings of Space Technology and Applications International Forum（STAIF-2005）, edited by M. S. El-Genk, AIP Conference Proceedings 746, Melville, New York, 2005, pp. 1419-1429.
[32] Minami, Y., "Interstellar travel through the Imaginary Time Hole." Journal of Space Exploration 3, 2014: 206-212.
[33] Minami, Y., "Space propulsion physics toward galaxy exploration." J Aeronaut Aerospace Eng 4: 2; 2015.
なお全般的な参考文献として下記を参照されたい。

[34] Minami Y, Froning H. David, "Field Propulsion Physics and Intergalactic Exploration", Nova Science Publishers, 2017.

[35] Williams C, Cardoso JG, Whitney CK, Minami Y, Mabkhout SA, et al., "Advances in general relativity research" , Nova Science Publishers, 2015.
[36] Minami, Y., "A Journey to the Stars – By Means of Space Drive Propulsion and Time-Hole Navigation –" published in Sept. 1, 2014 (LAMBERT Academic Publishing; https://www.morebooks.de/store/gb/book/a-journey-to-the-stars/isbn/978-3-659-58236-3
[37] 南 善成、「星系への旅 A Journey to the Stars —フィールド推進と超空間航法—」、GlobeEDIT, 2019.（[36] の日本語版）。
https://www.morebooks.de/store/gb/book/星系への旅-a-journey-to-the-stars/isbn/978-613-8-24565-0
[38] Minami, Y., "New Development of Space Propulsion Theory- Breakthrough of Conventional Propulsion Technology –" , International Journal of Advanced Engineering and Management Research, Vol. 4, No. 01; 2019.
[39] 藤井保憲、「時空と重力」、産業図書、1979.
[40] 内山龍雄、「相対性理論」、岩波全書、1984.
[41] Flügge, W., Tensor Analysis and Continuun Mechanics, Springer-Verlag Berlin Heidelberg New York, 1972.
[42] Fung, Y.C., Classical and Computational Solid Mechanics, World Scientific Publishing Co. Pre. Ltd., 2001.
[43] Minami, Y., "Continuum Mechanics of Space Seen from the Aspect of General Relativity – An Interpretation of the Gravity Mechanism." Journal of Earth Science and Engineering 5, 2015: 188-202.
[44] Hawking, S., "A Brief History of Times" , Bantam Publishing Company, New York, 1988.
[45] Hawking, S., "HAWKING ON BIGBANG AND BLACK HOLES" , World Scientific, 1993.

■著者プロフィール■

南　善成（みなみ よしなり）

立命館大学理工学部電気工学科卒業後、NEC（日本電気株式会社）に入社。宇宙開発事業部で多くの人工衛星（科学衛星、実用衛星）のテレメトリ・トラッキング・コントロール（TT&C）サブシステム、衛星搭載用データ処理管制システムの開発設計に従事。また宇宙ステーションシステム本部で国際宇宙ステーションJEM通信制御系の開発設計を歴任。日本航空宇宙学会、元日本物理学会会員、IAA（国際宇宙航行アカデミー）メンバー、元NASA BPPグループメンバー、元英国惑星間協会フェロー。

最新！ スターシップ理論
－銀河系を旅行する宇宙航法はこれだ!! －

●

2019 年 7 月 7 日　初版発行

著者／南　善成

編集協力／磯貝いさお
装幀・DTP ／細谷 毅

発行者／今井博揮
発行所／株式会社ナチュラルスピリット
〒 101-0051　東京都千代田区神田神保町 3-2　高橋ビル 2F
TEL 03-6450-5938　FAX 03-6450-5978
E-mail:info@naturalspirit.co.jp
ホームページ http://www.naturalspirit.co.jp

印刷所／中央精版印刷株式会社

ISBN978-4-86451-308-1 C0044
落丁・乱丁の場合はお取り替えいたします。
定価はカバーに表示してあります。